成功VS失败

完美蛋糕

黄东庆　黄叶嘉　姜志强　刘育宏 著

辽宁科学技术出版社
·沈阳·

黄东庆

中国台湾首屈一指烘焙大师，曾获新加坡 FHA 国际烘焙大赛金牌、永纽杯国际点心烘焙竞赛金牌，现为皇后烘焙厨艺学院负责人，各大专院校烘焙讲师、各大烘焙坊技术顾问、各大烘焙竞赛评审长，为中国台湾培养众多顶尖烘焙技术人才，亦为各大国际竞赛冠军得奖者指导老师，擅长以精确的制作注入独特的创意，演绎出完美精致的法式甜点。

经历

2017 年新北市立平溪国民中学——兴趣编织未来之梦坚持攻向成功之巅专题讲师
2017 年德明财经科技大学——奢侈品牌品牌营销策略专题讲师
2016 年平溪在地生活 & 经营管理讲座——五星饭店与皇后烘焙行销管理策略专题讲师
2016 年淡江大学商管学院管理科学系——产业环境趋势、职场变化与创业之观察专题讲师
2016 年马偕医护管理专科学校——校外实习生竞赛评审
2016 年淡江大学 EMBA 硕士专班——创意 & 创新管理专题讲师
2016 年德明财经科技大学——奢侈品牌与超跑精品之解析专题讲师
2015 年淡江大学 EMBA 硕士专班——领导与团队解析专题讲师
2015 年淡江大学商管学院管理科学系——谋略、策略、战略专题讲师
2015 年淡江大学商管学院管理科学系——学业、创业、服务业专题讲师
2014 年中国台湾台北海洋科技大学——2013WCM 世界巧克力大师竞赛解析专题讲师
2014 年中国台湾政治大学 EMBA 顶尖讲堂——授课讲师
2014 年世界顶级巧克力品牌介绍 & 世界巧克力大师竞赛解析
2013 年万能科技大学——天然老面种培育与运用烘焙讲师
2013 年世界杯巧克力大师竞赛亚太地区选拔赛中国台湾代表队
2013 年中国台湾台北海洋科技大学展店经营全方面销售讲座专题讲师
2012 年万能科技大学——分子烘焙甜点蛋糕课程烘焙讲师
2012 年新加坡 FHA 国际烘焙大赛（皇后领队）1 金牌 1 银牌
2012 年台北海洋科技大学——究极巧克力工艺奥义讲座专题讲师
2011 年法国巴黎世界杯巧克力大师赛亚洲代表队
2011 年世界杯巧克力大师竞赛亚太地区选拔赛中国台湾代表队
2011 年新北市八里乡十三行博物馆烘焙教学皇后烘焙讲师
2011 年崇仁医护管理专科学校 40 周年创意烘焙竞赛赛前讲师
2011 年崇仁医护管理专科学校 40 周年创意烘焙竞赛评审长
2011 年第十届 GATEAUX 杯蛋糕技艺竞赛（皇后领队）蛋糕卷组亚军
2011 年第十届 GATEAUX 杯蛋糕技艺竞赛（皇后领队）巧克力工艺亚军
2010 年新加坡 FHA 国际烘焙大赛（皇后领队）1 银牌 1 铜牌
2010 年第九届 GATEAUX 杯蛋糕技艺竞赛（皇后领队）慕斯组亚军
2010 年崇仁医护管理专科学校——烘焙产学合作教学课程教学讲师
2009 年中国台湾高中职健康烘焙创意竞赛评审
2009 年中国台湾台北海洋科技大学——烘焙美学专题讲座专题讲师
2009 年庄敬高级职业学校——烘焙美学讲座专题讲师
2009 年稻江高级护家职校——烘焙美学讲座专题讲师
2009 年马偕医护管理专科学校——烘焙技术示范研习会研习讲师
2009 年第八届 GATEAUX 杯蛋糕技艺竞赛（皇后领队）慕斯组亚军
2008 年永纽杯国际点心烘焙竞赛（皇后领队）金牌及银牌
2008 年新加坡 FHA 国际烘焙大赛（皇后领队）1 银牌铜牌
2007 年新光三越集团烘焙推广班推广领队
2007 年大成商工 & 皇后烘焙技术交流皇后领队
2006 年新移民文化节中秋大月饼制作领队
2006 年中国台湾大学 & 皇后烘焙技术交流皇后领队
2005 年中国台湾台北市立福安国民中学烘焙班老师

现任

皇后烘焙厨艺学院负责人
崇仁医护管理专校荣誉烘焙技术顾问
维娜斯法式甜点手作坊烘焙技术顾问
中国台湾台北海洋科技大学讲师级专业技术人员

曾任

皇后烘焙有限公司负责人
天母帕奇诺咖啡馆烘焙技术顾问
幸福亲轻食咖啡馆烘焙技术顾问

学历

淡江研究所管理科学经营所博士班
淡江研究所 EMBA 管理科学所硕士
HACCP 食品危害分析证书
食品检验分析技术士证明书
大同大学推广教育咖啡大师国际证照班结业
新西兰基督城
Wilkinson's English School
Aspect Eduction Center
Avonmore Teriary Academy—Haspitality Food Safety
英国 City & Guilds 国际咖啡证照
美国 Silicon Stone Education Inc.
Barista 饮料国际证照
Bartender 吧台国际证照
Tea & Specialist 茶艺国际证照
Certified lounge—Bar professional 吧台专业师国际证照
日本东京制果学校短期研习班结业
法国蓝带厨艺学校日本代官山分校短期班结业

黄叶嘉

皇后烘焙厨艺学院总经理

中国台湾台北海洋科技大学咖啡监评
中国台湾台北市立福安国民中学烘焙班老师
马偕医护管理专校国际烘焙技术研习课程专业翻译
Hotel Grand Chancellor Food & Beverage
Scenic Circle Hotel house keeping
Holiday Inn Food & Beverage

新西兰基督城
Avonmore Teriary Academy
Hospitality Food and Beverage Service 毕业
新西兰国际证书
Barista 证书
Customer Service 证书
Hospitality Operations 证书
HACCP 食品危害分析证书
Licence Controller Qualification 证书

姜志强

中国台湾台北海洋科技大学助理教授级专业技术人员

远东国际饭店点心房副主厨
皇后烘焙厨艺学院烘焙讲师

经国管理暨健康学院食品卫生科
新东阳西点部技师
马可波罗面包部技师
日本东京制果学校短期研修班
HACCP 食品危害分析证书
烘焙食品——西点蛋糕面包乙级证明书
2011 年崇仁医护管理专科学校 40 周年创意烘焙竞赛示范讲师

2010 年第九届 GATEAUX 杯蛋糕技艺竞赛慕斯组季军
2009 年第八届 GATEAUX 杯蛋糕技艺竞赛慕斯组季军
2008 年永纽杯国际点心烘焙竞赛银牌
2008 年圣诞节蛋糕大赛亚军

刘育宏

维娜斯法式甜点手作坊创意主厨

皇后烘焙厨艺学院西点蛋糕讲师

晶华国际大饭店点心房副领班
法乐琪法式料理餐厅西点部主厨

2010 年新加坡 FHA 国际烘焙大赛 Dress The Cake 铜牌

目录

Chapter 1 制作蛋糕必备的材料与工具

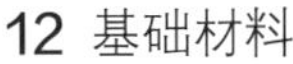

Chapter 2 START！蛋糕的基础篇

Chapter 3

这样做不失败！超完美蛋糕制作

膨胀高度完美

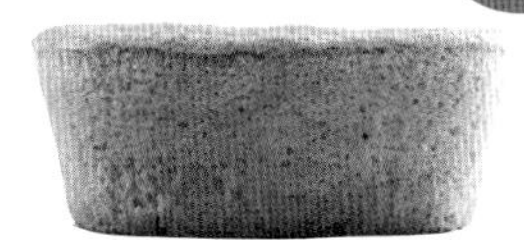

目录

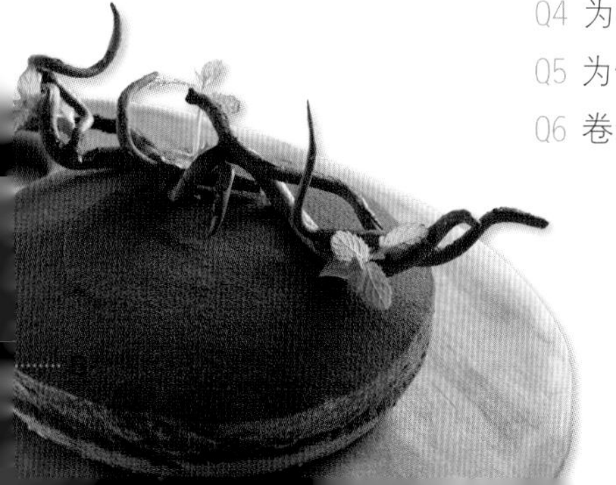

千层蛋糕

Q&A 常见的问题与解答

Q&A 常见的问题与解答

提拉米苏

Q&A 常见的问题与解答

乳酪蛋糕

Q&A 常见的问题与解答

布丁蛋糕

Q&A 常见的问题与解答

本书使用说明 Instruction for use

• 准备工作

制作蛋糕的事前准备，让制作过程更轻松。

• 蛋糕写真

展现出精美的蛋糕写真图片。

• 详细步骤图

每一种蛋糕都有详细步骤图解与说明，只要照着步骤做，保证零失败！

• DATA +必备材料

材料

无盐奶油	100g	牛奶	30g
细砂糖	100g	低筋面粉	135g
细杏仁粉	25g	无铝泡打粉	3g
全蛋	80g	新鲜香蕉	80g

参考数据

烘烤时间	35 分钟
烘焙温度	上火 190℃ 下火 200℃

模具：长方形烤模

• 制作蛋糕会使用到的模

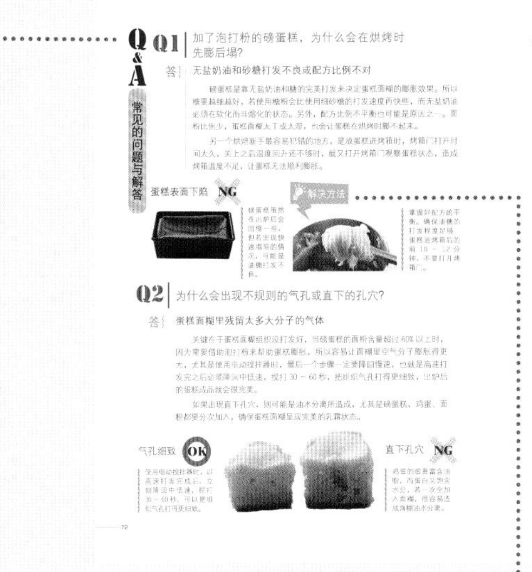

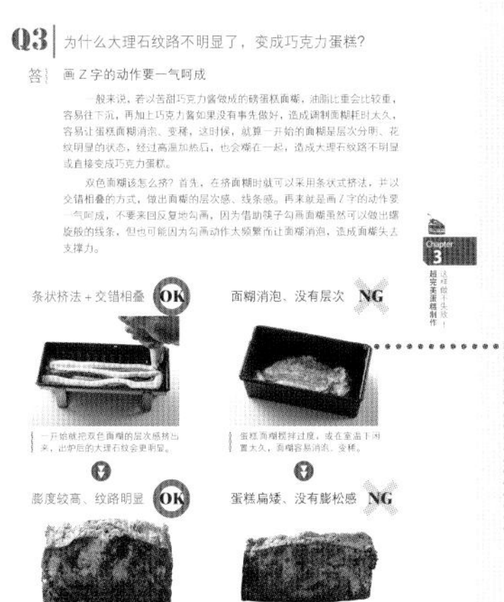

失败与成功对照图

蛋糕制作正确与错误图片对照，一看就知道的失败和成功范例。

制作蛋糕常见的问题与解答

本书点出了制作蛋糕最容易发生失败的问题与最容易犯错的动作。

解决方法

针对最容易失败的关键步骤，提出解决方法。

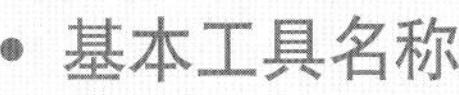

基本工具名称

制作蛋糕必备的基本工具名称。

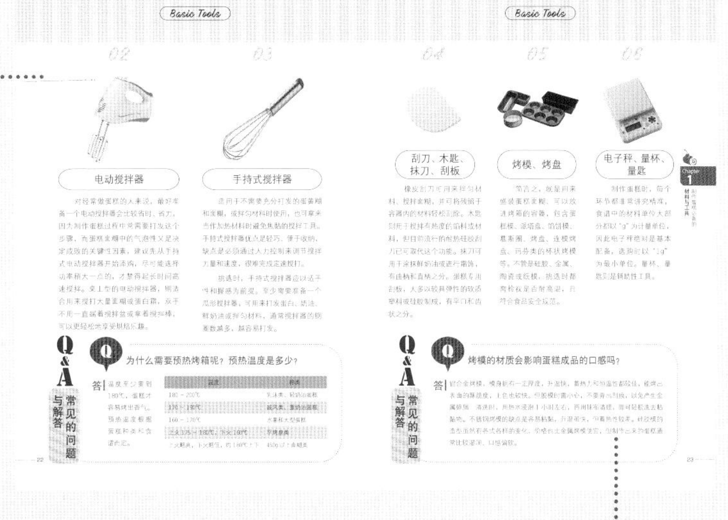

工具解说

想要做出好吃的蛋糕，使用的工具是很重要的，针对初学者经常问的问题，做详细解说。

Sweet dessert

Chapter 1

Materials and tools

制作蛋糕必备的 材料与工具

迈向完美蛋糕的第一步，是充分了解每样食材本身的特性以及它们在蛋糕烘焙过程中所扮演的角色，之后再根据烘焙需求来添购必要工具。切记，烘焙蛋糕之前，一定要先把材料备齐，并依照步骤分别称好。尤其是初学者，务必要跟着食谱指示来操作，千万不要自行替换食材或调整比例，因为蛋糕制作过程中的每个步骤都是环环相扣的，看似无关紧要的细小误差，往往就是造成失败的关键！

基础材料

01

面粉

Flour

小麦经初步碾磨，按胚乳、麸皮、胚芽分类后所得的面粉，依据蛋白质含量多寡，大致可分为特高筋、高筋、中筋、低筋及全麦等类别。不过，制作蛋糕通常都选用低筋面粉，因为它的粉质较细，筋性较低，且能维持烘焙过程中所产生的膨胀效果。

面粉的黏性、筋度，决定蛋糕的结构韧性

面粉的主要成分包含淀粉、蛋白质、脂肪、水、矿物质以及少量的维生素和酶类，其中占比高达 75% 的淀粉组织，是影响烘焙成品口感与结构韧性的重要因素！

面粉中的淀粉组织包含了两大重要的蛋白质：麦谷蛋白（影响弹性）、谷胶蛋白（影响延展性），当麦谷蛋白与水混合、被揉捏后，会和谷胶蛋白作用，制造出具有弹性的新蛋白质，也就是所谓的“麸质”，这种蛋白质复合物就像橡皮筋一样，具有延展力，可以让面团变得有弹性和黏着性，做出来的成品也比较有嚼劲。

基本上，面粉中的蛋白质含量越高，麸质也越高，成品的筋度和黏性就越强。不过，制作蛋糕时并不需要太强的筋性，以免失去轻柔细致的蓬松口感，所以，这也是选择低筋面粉来制作蛋糕的主要原因。

类别	英文名 / 别名	颜色	蛋白质含量	可制作的食品
特高筋面粉	High Gluten Flour	乳白	13.5% 以上	用来制作油条或意大利面
高筋面粉	简称“高粉”，日文称为“强力粉”。英文常称之为 Bread Flour	乳白	11.5% ~ 13.5%	用来制作面包、吐司等
中筋面粉	简称“中粉”，日文称为“中力粉”，或称之为万用面粉、多用途面粉。英文常称之为 All Purpose Flour	乳白	8.5% ~ 11.5%	中式面食较常使用中筋面粉，常用来制作面条、馒头、包子、饺子、烧饼、葱油饼等
低筋面粉	简称“低粉”，又叫“蛋糕粉”，日文称为“薄力粉”。英文可称之为 Low Gluten Flour、Low Protein Flour、Soft-Wheat Flour 或 Cake Flour	白	8.5%以下	用来制作饼干、蛋糕或其他口感松软的糕点
全麦面粉	必须包含胚芽、麸皮及胚乳，且不再精制，才是真正的 100% 纯全麦面粉，英文称之为 Whole Wheat Flour	褐	采用整粒小麦研磨，保留胚芽、完整胚乳，以及细麸、粗麸等	用来制作杂粮面包、全麦饼干等，使用时通常按比例与低筋面粉或高筋面粉混合，较少单独使用

市面上也有标榜无麸质的面粉，例如：无麸低筋面粉、无麸中粉、无麸高粉、无麸裸麦粉等，是针对麸质过敏者而设计。

make cake 影响面粉风味的两大重要成分

01 麸质 Gluten

麸质是面粉中的蛋白质和水结合后所产生的另一种蛋白质复合物，它可以让面团变得有弹性和黏着性，麸质含量越高，成品会越软、越有嚼劲。

02 灰分 Ash

主要成分为矿物质和无机盐，多存在于小麦麸皮或胚芽内，强调更具营养价值。像法国面粉便是以灰分含量多寡来做区分。基本上，面粉的灰分含量越高，面粉色泽越深，成品的麦香味也会越浓。

开封后没用完的面粉，该怎么保存?

中国台湾属于海洋性气候，容易出现面粉受潮、结块、生虫、发霉等情况，而优质的天然无添加面粉，通常无法保存太久，尤其是制作蛋糕时，面粉用量远比制作面包时少了许多，故不建议大量采购。那么，该如何保存已经开封过的面粉呢?

❶开封过的面粉，宜放入封闭性良好的保鲜袋或保鲜盒内，可以降低面粉发霉和生虫的概率。

❷合适的温度与湿度，室温不宜超过 24℃，相对湿度则应保持在 60% 左右。

❸储存时须离地、离墙，尤其是湿气较重的一楼或顶楼外墙必须极力避免。

❹一般面粉并不需要冷藏或冷冻保存，只有矿物质含量较高的全麦面粉或裸麦面粉，需要低温保存。

Q&A 常见的问题与解答

Q1 除了低筋面粉，其他面粉也能做蛋糕吗?

答｜绝大部分的蛋糕都使用低筋面粉制作。如果对材料比较讲究，可以挑选日本制或法国制的全天然小麦面粉，其中以日本制的面粉，制作出来的成品口感较符合中国台湾人的口味。值得注意的是，有些面粉通常含有玉米粉、修饰淀粉或维生素 C 之类的食品添加剂，挑选时要多加留意。至于市售现成的蛋糕粉、松饼粉、鸡蛋糕粉等预拌粉，则含有更多的修饰性淀粉和糖分，虽然烘焙成功概率很高，但吃起来太过甜腻，容易造成身体负担。

Q2 一定要加面粉才能做出蛋糕吗?

答｜不一定，极少数的特定种类蛋糕，例如无麸质蛋糕，是可以不加面粉的，由其他像糙米、白米等淀粉类取代，它的特色是完全不会出筋，所以不如一般蛋糕来得蓬松绵软，出炉后的膨胀度和进烤箱前差不了多少。如果不会对面粉及小麦麸过敏，应按照每种蛋糕的特性，使用正确的面粉比例，才能做出口感、外形、香气一应俱全的完美蛋糕。

基础材料

02

泡打粉

Baking Powder

泡打粉是一种糕点膨胀剂，泡打粉内的化学物质碰到水会产生二氧化碳，并在烘焙加热过程中持续释放更多气体，让蛋糕体产生蓬松及松软效果。

泡打粉影响蛋糕的体积及膨胀度

“泡打”两字其实是从英文“Powder”直接音译而来，是制作蛋糕、饼干时不可或缺的材料，又可称之为速发粉或蛋糕发粉。

泡打粉的主要成分包含硫酸铝钠、碳酸钙、碳酸氢钠、玉米淀粉等，虽然有碳酸氢钠，也就是我们常说的小苏打粉，但泡打粉和小苏打粉两者是不能相互替代的，原因在于泡打粉是一种中性粉末，但小苏打粉却呈碱性，会让蛋糕产生不一样的口感变化。

目前市面上买到的泡打粉都属于双重反应泡打粉。它的优点在于不只同时包含了酸性及碱性特质，更兼具快速及慢速两种泡打粉的反应特性，所以碰到蛋糕面糊中的水分时，有一部分会先快速地释出二氧化碳，让蛋糕面糊充满气体而不至于立刻扁塌，之后随着烘焙加热的温度升高，再慢慢地释放出更多的气体，让蛋糕蓬松，并拥有松软的口感。

需注意的是，不能为了让蛋糕看起来更蓬松而自行增加泡打粉的用量，因为过多的泡打粉反而会让蛋糕组织变得粗糙、出现大小不一的气孔，甚至可能让气泡浮到蛋糕糊表面，不仅口感变差，成品外观也会受到影响，必须极力避免。

常见的问题与解答

为什么有些泡打粉会特别强调它是“无铝”配方呢？

答 刚刚有提到，为了让蛋糕不要一碰到水就立刻释放大量二氧化碳而快速膨胀，目前市售的泡打粉中还会添加一种慢速酸性物质，让蛋糕糊可以在温度达到某个度数时，再慢慢释放气体，而这种添加物就是硫酸铝钠或磷酸铝钠。由于现代人担心食品中的含铝量偏高会影响人体健康，所以市面上便出现以磷酸二氢钙或酒石酸氢钾作为取代的泡打粉，目前这种无铝泡打粉在膨松度、成色上，都十分优异。

基础材料 03

小苏打粉

Baking Soda

小苏打粉可以中和糕点中的酸味

小苏打粉学名是碳酸氢钠，作用和泡打粉一样，也是为了让糕点胀大、蓬松。在泡打粉还没问世之前，早期糕点大多是以带碱性的小苏打粉和带酸性的塔塔粉来控制糕点的膨胀度。

不同于泡打粉的中性特质，小苏打粉在酸性液体中的作用会更快，并且随着烘焙加热的温度升高，快速释出大量气体，这会让蛋糕组织变得十分粗糙，再加上经过高温烘焙后的小苏打粉常会残留碳酸氢钠，致使糕点出现碱味。一旦小苏打粉直接与油脂混合，又会产生皂化反应，甚至让糕点出现肥皂味。对烘焙新手而言，操作难度较高。

所以目前小苏打粉大多当成中和剂使用，比如做巧克力蛋糕时，小苏打粉不但兼具膨胀剂的优势，还能中和巧克力的酸性，让出炉后的巧克力蛋糕色泽更加黑亮。

小苏打粉大多当成中和剂使用，比如制作巧克力蛋糕时会加入小苏打粉，不但兼具膨胀剂的优势，还能中和巧克力的酸性。

Q&A 常见的问题与解答

Q 小苏打粉可以取代泡打粉吗？

答 不可以。一来，因为小苏打粉一定要遇到酸性物质，它的膨胀作用才会最佳，因此当蛋糕糊中没有牛奶、优格、柠檬、巧克力等酸性配方，贸然用小苏打粉取代泡打粉，糕点的膨胀效果就会变差。二来，食谱里若指定使用小苏打粉，通常是因为食谱里含有酸性食材，可以中和小苏打粉所产生的气体。目前市售的泡打粉里面本来就含有小苏打粉成分（碱性）和其他酸性物质，所以任意取代两者，可能会因为酸碱不平衡而造成味道改变，或让蛋糕糊膨发太快，还来不及烘焙就塌了，或根本膨胀不起来。

基础材料

04

塔塔粉

Cream of tartar

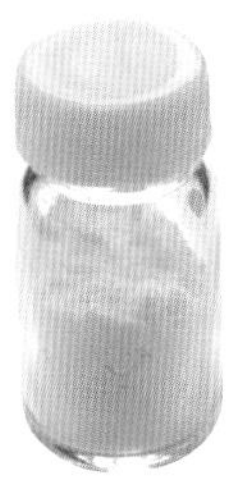

塔塔粉能帮助蛋白打发，并中和蛋白的碱性，同时去除蛋白的蛋腥味和皂味，是维持蛋白霜泡沫细致与挺度的重要材料。

塔塔粉能中和蛋白的碱性并帮助打发

塔塔粉，学名酒石酸氢钾。与小苏打粉、泡打粉作用类似，也是一种化学膨胀剂，不同的是塔塔粉呈酸性，主要添加于蛋白霜中，可以帮助蛋白打发，并中和蛋白的碱性，同时去除蛋白的蛋腥味和皂味，让打发后的蛋白霜看起来更加洁白细致，且拥有令人满意的增量效果，也比较不容易消泡。

另外，制作糖果或翻糖时也会加入塔塔粉，以抑制蔗糖反砂结晶，同时转化糖浆分子结构，让糖果的口感更加细滑柔软。

至于很多人担心添加塔塔粉是否会对人体健康造成损害，其实不用想太多，因为天然的塔塔粉是来自葡萄酒桶里的弱酸性结晶，作为糕点中的酸性剂使用时，用量并不会太高。

Q&A 常见的问题与解答

Q1 塔塔粉可以用小苏打粉或泡打粉取代吗？

答｜不可以。泡打粉是中性粉末，小苏打粉是碱性粉末，塔塔粉是酸性粉末，三者在蛋糕制作过程中分别有着不同的功能，尤其是烘焙新手，更不宜自行更换配方或增减用量。

Q2 制作蛋白霜可以不加塔塔粉吗？

答｜蛋白是一种碱性物质，新鲜未冷藏过的蛋白比较容易打发且碱性较低，这时省略塔塔粉，只用蛋白和糖，一样可以打出漂亮的蛋白霜。另外，站在酸碱中和的立场，虽然可用柠檬汁或白醋取代（比例为 1 茶匙塔塔粉，用 1 大匙柠檬汁或白醋取代），但别忘了，塔塔粉同时也是维持蛋白霜泡沫细致与挺度的重要材料，对烘焙新手而言，不建议舍弃不用。

基础材料

05

糖

Sugar

糖是蛋糕材料中不可或缺的材料，它能帮助蛋糕锁住水分与空气，让成品变得蓬松却仍保有一定的绵柔感，且入口即化，让蛋糕散发甜蜜的香气，并呈现迷人色泽。

让蛋糕保有水分、膨胀度与香气

按糖的形态来划分，大致可分为固态糖与液态糖。制作蛋糕时，若作为打发使用，以固态的细砂糖成效最佳；若作为增添风味使用，糖的选择性较多，差别只在于液态或固态，大多添加于蛋黄面糊中，须斟酌水分比例调配，以免蛋糕糊太稀，导致蛋糕无法完美成形。

make cake 糖的五大作用

1. 产生甜度与香气

糖不仅仅是蛋糕的甜度来源，也是香气来源之一。因为烘焙过程中，糖受热便会产生焦化与褐化作用，并散发出甜甜的香味。

2. 增加膨胀度

制作蛋白霜时，通过搅打这个动作，糖颗粒会挟带空气进入蛋白霜里；烤制过程中，蛋糕面糊内的气泡会受热膨胀，而让蛋糕更加蓬松。

3. 减少面糊出筋

糖可以弱化蛋糕面糊的分子结构，延缓淀粉凝固导致蛋糕面糊出筋，让出炉后的蛋糕仍保有松软的细致口感。

4. 保留湿润口感

糖会吸引水分子，在蛋糕面糊里加糖，可以锁住水分，避免蛋糕成品太过粗糙、干硬。

5. 增加蛋糕色泽

从外观上就可以看出无糖或低糖蛋糕的成品色泽明显偏白！高糖分蛋糕的烤色会比较金黄，香气也较浓郁。

Q&A 常见的问题与解答

Q1 烘焙蛋糕时可以减糖制作吗？

答 可以，但只能在蛋黄面糊中减少糖的用量；打发蛋白时，减糖虽然也能打发，但泡沫较粗，且易消泡。

Q2 能用蜂蜜或枫糖、麦芽糖、果糖等液态糖取代吗？

答 液态糖之间，彼此可互相取代，但切记，不能用液态糖取代打发过程中所使用的糖。如果只是为了增加甜度，可用液态糖取代；替代优先级为麦芽糖、蜂蜜、枫糖。很多人误以为人工果糖是从水果中萃取所得，其实不然，它是一种高果糖玉米糖浆，本质是一种甜味剂，这种糖浆的制造过程是把玉米淀粉分解，最后成为另一种葡萄糖和果糖的综合体。

基础材料
06

奶油

Butter

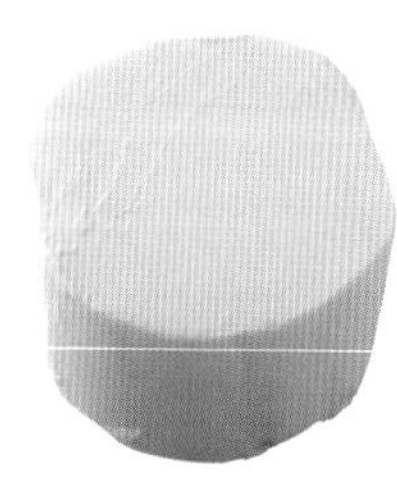

奶油中的乳脂肪是影响蛋糕风味的关键。纯天然无添加的优质奶油，可以为蛋糕带来令人着迷的香气与柔滑质地，随着奶油的不同形态与操作方式，就能变化出各式各样的蛋糕种类。

奶油形态 × 乳脂含量 × 操作技巧

奶油是生乳脂肪层加工后的一种乳制品，虽然俗称黄油，但却不是从牛脂肪层提炼，而是 100% 从牛奶中取得，乳脂肪含量约在 80% 以上，其余则为水与乳固体。通常固态奶油在 15℃左右会软化为可涂抹的状态，在 32 ~ 35℃时即会熔化成稀薄的液体，所以一定要冷藏保存，因为液态奶油无法打发，便无法顺利在蛋糕糊中挟带充足的空气。

奶油中的乳脂肪含量是另一项影响蛋糕香气与质地的重要因素。通常乳脂肪含量越高，奶油的可塑性与延展性就越高，非常适合拿来制作千层酥、酥皮等这一类需要固态油脂分隔面团层次的糕点。

纯天然无添加的优质奶油，能在打发时拌入大量的空气，对面糊类蛋糕有很大帮助。此外，优质奶油的安定性也比较好，拌入空气后具有安定面糊的功能，避免烤制时塌陷。

基本上，蛋糕中的奶油比例越高，口感会越浓郁、扎实、湿润，亦可保存较久的时间。

奶油的各种形态

无盐奶油 Unsalted Butter	运用于蛋糕烘焙中的奶油，绝大部分还是以无盐奶油为主，优点是盐分的使用可完全依食谱来做调整，而不必推估或扣除含盐奶油中所含的盐量多寡
含盐奶油 Salted Butter	制作过程中加入盐调味，比例依各品牌而略有不同，产品外包装通常会特别标示。优点是可直接涂抹在面包上食用，增添风味。和无盐奶油的差别只在于咸味
无水奶油 Clarified Butter	将奶油中的牛奶固形物及水分移除，只留下颜色金黄而纯净的奶油脂肪，就是无水奶油，或称之为澄清奶油，可取代酥油或传统猪油。适合高温烹调，或想要奶油香气但不想烤得太上色的蛋糕，例如玛德琳
发酵奶油 Cultured Butter	制作奶油初期，即在乳脂中加入乳酸菌种使其发酵，再制成固态的发酵奶油，闻起来带点淡淡的优格香气，乳糖含量也比一般奶油低，大多用来制作面包或调味使用
焦化奶油 Brown Butter	将熔化奶油与糖一起加热至呈榛果色泽，故又称之为榛果奶油，香气比奶油和糖拌和后再进烤箱烤出来的成品还要浓郁，常用来制作费南雪等蛋糕

make cake 制作蛋糕还会用到哪些油脂？

植物油 Plant Oil

适合不需要将奶油打发的蛋糕种类，例如海绵蛋糕、瑞士卷等。但仍须选择耐高温的油脂，例如葡萄籽油、大豆油等。不建议使用人造（植物）奶油，这种称之为玛琪琳（Margarine）的奶油，是利用氢化的植物油来模拟奶油，虽然适合高温烘焙，却添加了香料、色料，且容易产生人工反式脂肪酸。

鲜奶油 Whipping Cream

鲜奶油具有发泡的特性，可以在搅打过程增加体积，变成乳白细沫状的发泡鲜奶油。因原料来源不同，又可区分为动物性鲜奶油和植物性鲜奶油。

动物性鲜奶油是从牛奶里面提炼出来，作为打发使用的鲜奶油，乳脂含量至少在 30% 以上；植物性鲜奶油的主要成分为玉米油、大豆油或棕榈油、玉米糖浆及其他氢化物，优点是容易打发、挤花线条较明显、保存时间较长，缺点是口感比较油腻。

一般动物性鲜奶油都不含糖，而植物性鲜奶油则有含糖和不含糖之别，选购时要看清楚成分标示。

常见的问题与解答

Q1 可不可以“减油”制作？

答｜尽量不要，尤其是初学者，对蛋糕种类与配方的掌握程度可能还不太熟悉，不建议减油制作或自行替换配方。举例来说，以奶油面糊为主角的蛋糕种类，着重的是奶油打发程度，若直接减油，奶油比例太少，可能会让蛋糕成品的口感变得太干或影响膨发效果，另外，也会让蛋糕香气稍显不足。

Q2 不使用奶油，而改用植物油，会影响口感或膨胀度吗？

答｜以植物油取代奶油，不但会影响蛋糕的口感、膨胀度，也会影响味道。尤其是使用橄榄油、葵花籽油这一类植物油时，味道绝对不如奶油来得香浓，而且不耐高温，较容易产生褐变。若真的无法取得奶油，可用味道最不突出的大豆油、米糠油或葡萄籽油取代。

基础材料

07

蛋、牛奶

Egg & Milk

蛋和牛奶都是烘焙蛋糕时需要的液体材料，可以让蛋糕材料里的粉类、油脂和水分三者紧密连接，让蛋糕组织更松软、细致，且保有一定的湿润度，香气也更加浓郁。

蛋白打发情况越好，口感越轻盈

鸡蛋中的蛋白，虽然也含有蛋白质和其他维生素，但水分却高达88%以上，是蛋糕保持湿润感的水分来源之一。蛋白经过充分打发后，内部会充满许许多多的小气泡，这些小气泡在烘焙过程中随着温度升高而受热膨胀，让蛋糕体积增大。也就是说，蛋白霜打发情况越好，裹入的气泡也就越多、越均匀，蛋糕成品会更蓬松，口感也会更加轻盈。

蛋黄卵磷脂让蛋糕口感更细腻

蛋黄中的胡萝卜素会让蛋糕呈现淡淡的金黄色，和只使用蛋白的蛋糕，口感和风味截然不同。不过，这并不是蛋黄在蛋糕烘焙中的最主要作用，其实，蛋黄中的卵磷脂本身就是一种天然的乳化剂，尤其是制作磅蛋糕、玛芬或杯子蛋糕时，可以加速乳化作用，让蛋糕面糊中的粉料、油脂和水分更加充分混合。

牛奶能减少蛋糕结构模的油性

牛奶能增加蛋糕内的水分，是维持蛋糕湿润度的重要因素，使蛋糕组织更细致，减少蛋糕结构模的油性；此外，当蛋糕面糊太过浓稠时，也可通过添加牛奶来调整配方的浓度。一般专业烘焙较常使用的是采用无菌真空密封包装的保久乳，或是奶香味更浓、乳糖含量较一般牛奶高的奶水。

Q&A 常见的问题与解答

没有牛奶时，可以用无糖酸奶、奶粉加水冲泡或炼乳稀释取代吗？

答｜只能用奶粉加水冲泡取代，对牛奶过敏或者不喝奶类的素食者可以用无糖豆浆取代。使用全脂奶粉替代全脂牛奶时，比例为12%的全脂奶粉，兑入88%的开水混合。不建议使用炼乳来替代牛奶，因为炼乳中通常含糖量也很惊人，会影响原食谱中的完美比例。至于无糖酸奶，虽不含糖分，但它是一种发酵制品，会影响蛋糕面糊膨胀效果。

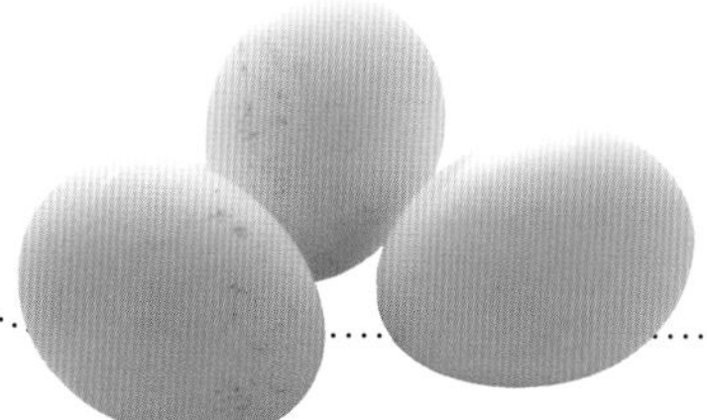

Basic Tools

制作蛋糕的基本工具

对烘焙新手来说，烘焙材料行里面销售的各式各样工具看起来好像都很厉害，建议先购买基本工具即可，之后再按照蛋糕类型逐步添购或升级。

01

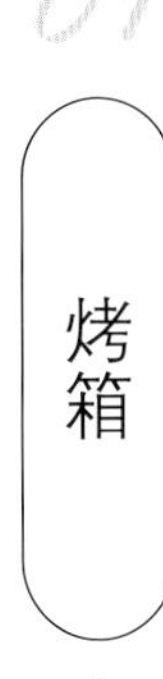

决定烤箱优劣的关键在“温度控制”

对烘焙新手而言，如果预算有限，选购烤箱时，只要选择能上下分别独立控温即可，烤箱大小则以家里摆放位置为依据。基本上，决定烤箱优劣的关键是“温度控制”，尤其是制作蛋糕时，烤箱温度如果常常失控，便无法精准达到配方上的要求，通常不是膨发效果不足，就是蛋糕成品严重变形。非电子控温的烤箱通常都有 ±5～±10℃的误差，如果预算充足的话，选择电脑面板显示的电子式烤箱，会比传统转盘式的机械烤箱来得好。

当然，在空间与预算都充足的情况下，烤箱是越大越好，因为烤箱容量越大，受热就越均匀，蛋糕和加热管距离不会太近，就不易产生局部烤焦的问题。

刚刚一再强调“温度控制”，不管是电子式烤箱还是机械式烤箱，烤箱原理都是以电热管通电升温，并利用热辐射加热食物，烤箱的性能差距就在于电热管加热速度以及烤箱边缘和中心是否受热均匀。因此，为了让烤箱内部受热均匀，目前中价位以上的烤箱几乎都会配备以远红外辐射材料为主的金属加热管，就连烤箱内部涂层、结构也十分讲究恒温性，或直接加设恒温板，甚至在箱侧也加装加热管。另外，也有烤箱是以热风循环设计来达到受热均匀的效果。

切记，每款烤箱的特性不尽相同，关键在于用心练习，并和自己的烤箱培养感情，详实记录每一次的烘焙温度对蛋糕色泽与口感所造成的影响，自己再微调一下温度，就算是入门款烤箱，也能烤出专业水准的蛋糕！

02

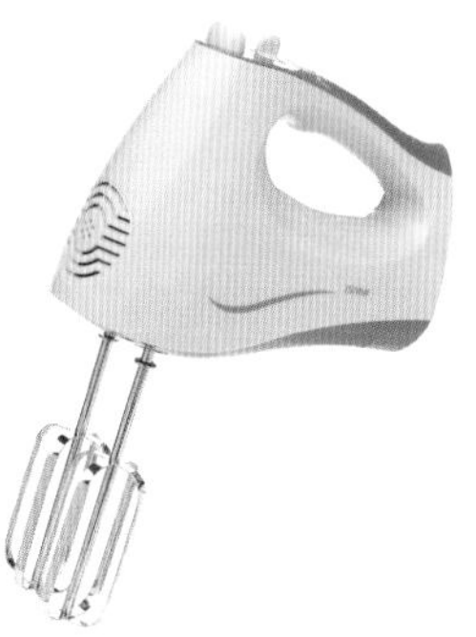

电动搅拌器

对经常做蛋糕的人来说，最好准备一个电动搅拌器会比较省时、省力，因为制作蛋糕过程中常需要打发这个步骤，而蛋糕面糊中的气泡性又是决定成败的关键性因素，建议先从手持式电动搅拌器开始添购，尽可能选择功率稍大一点的，才禁得起长时间高速搅拌。桌上型的电动搅拌器，则适合用来搅打大量面糊或蛋白霜，双手不用一直端着搅拌盆或拿着搅拌棒，可以更轻松地享受烘焙乐趣。

手持式搅拌器

适用于不需要充分打发的蛋黄糊和面糊，或拌匀材料时使用，也可拿来当作加热材料时避免焦黏的搅拌工具。手持式搅拌器优点是轻巧、便于收纳，缺点是必须通过人力控制来调节搅拌力量和速度，很难完成定速搅打。

挑选时，手持式搅拌器应以适手性和握感为前提。至少需要准备一个瓜形搅拌器，可用来打发蛋白、奶油、鲜奶油或拌匀材料，通常搅拌器的钢圈数越多，越容易打发。

为什么需要预热烤箱呢？预热温度是多少？

答 温度至少要到180℃，蛋糕才容易烤出香气。预热温度根据蛋糕种类和食谱而定。

温度	种类
180 ~ 200℃	乳沫类、轻奶油蛋糕
170 ~ 190℃	戚风类、重奶油蛋糕
160 ~ 170℃	水果和大型蛋糕
上火 175 ~ 180℃，下火 160℃	平烤盘类
上火略高，下火略低，约 180℃上下	450g 以上面糊类

04

刮刀、木匙、抹刀、刮板

橡皮刮刀可用来拌匀材料、搅拌面糊，并可将残留于容器内的材料轻松刮除。木匙则用于搅拌有热度的馅料或材料，但目前流行的耐热硅胶刮刀已可取代这个功能。抹刀可用于涂抹鲜奶油或进行霜饰，有曲柄和直柄之分。蛋糕专用刮板，大多以较具弹性的软质塑料或硅胶制成，有平口和齿状之分。

05

烤模、烤盘

简言之，就是用来盛装蛋糕面糊、可以放进烤箱的容器，包含蛋糕模、派塔盘、馅饼模、慕斯圈、烤盘、连模烤盘、玛芬类的杯状烤模等。不管是硅胶、金属、陶瓷或纸模，挑选时都需检视是否耐高温，且符合食品安全规范。

06

电子秤、量杯、量匙

制作蛋糕时，每个环节都非常讲究精准，食谱中的材料单位大部分都以“g”为计量单位，因此电子秤绝对是基本配备，选购时以“1g”为最小单位。量杯、量匙则是辅助性工具。

Q&A 常见的问题与解答

Q 烤模的材质会影响蛋糕成品的口感吗？

答 铝合金烤模，模身拥有一定厚度，升温快，蓄热力和恒温性都较佳，能烤出表面的酥脆度，上色也较快。但脱模时需小心，不要弄出刮痕，以免产生金属碎屑；清洗时，用热水浸泡 1 小时左右，再用抹布清理，即可轻松洗去粘黏物。不锈钢烤模的缺点是容易粘黏，升温虽快，但蓄热性较差。硅胶模的造型虽然有各式各样的变化，价格也比金属烤模便宜，但制作出来的蛋糕通常比较湿润、口感偏软。

07

搅拌盆、打蛋盆

打发、拌匀或盛装材料的重要容器，宜选择圆底无死角的圆盆。除了不锈钢、玻璃等材质之外，新式搅拌盆的细节设计，如底部止滑、手持握把、附加盖子、可微波等更为贴心。

08

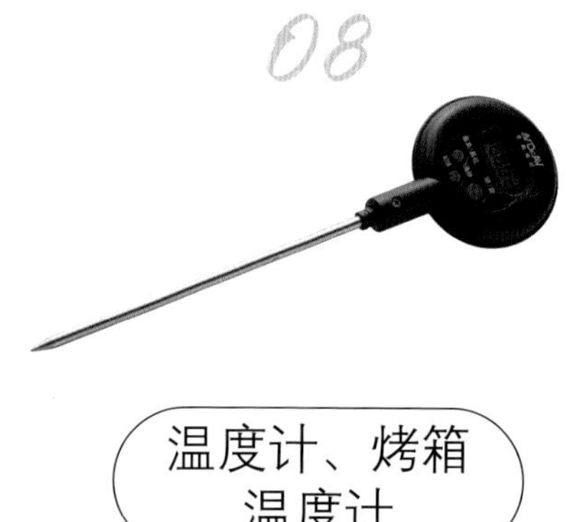

温度计、烤箱温度计

运用于烘焙中的温度计，大多以探针型温度计为主，可用来测量油温、水温、蛋糕面糊温度、调味液体或糖浆温度，测量温度范围至少至 300℃才足够使用。另外，还有一种烤箱温度计，是吊挂或摆放在烤箱内使用，对使用机械式烤箱的人来说，是个很好的辅助工具。

09

筛网

筛网的主要功能在于过筛粉料使之均匀，也可用来过滤液体中的杂质或气泡，使蛋糕成品的质地更为细致。网目大小和网身尺寸依不同需求而定，如果是使用于局部性的装饰糖粉，应选择网目较细的小型筛网。

10

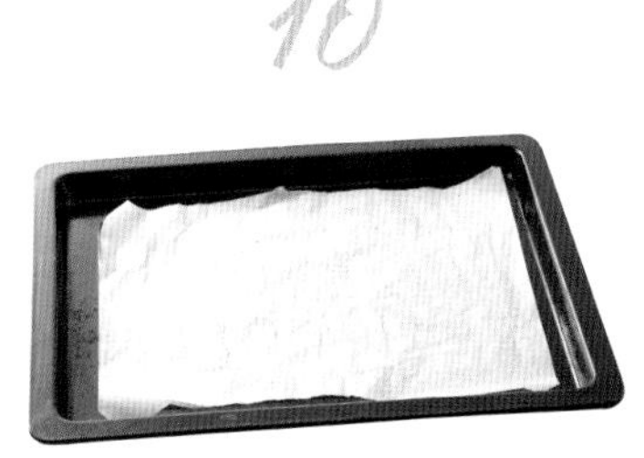

烘焙纸、不粘油布、铝箔纸

主要目的是防粘，其中又以能重复使用的油布较佳。但若是制作戚风蛋糕，则不需要使用防粘纸或不粘油布。不建议使用白报纸，因为通常没有出厂标示，也没有经过食品检验。铝箔纸不仅具有隔离食物与烤盘的防粘效果，也具有反光、隔热的特性，当蛋糕已经膨发、上色，但内部又还没熟透时，若担心表面烤焦，可在蛋糕模型上方覆盖一层铝箔纸。

11

蛋糕转台、挤花袋、花嘴

精致的蛋糕，十分讲究装饰，蛋糕转台可以帮助蛋糕定位，手部不必移动位置，只要转动蛋糕台，就可挤出漂亮的奶油花。不同样式的花嘴，可做出描线、点珠、花瓣、框格、写字等不同效果。挤花袋则可分为一次性和重复性使用的两种，依个人习惯而定。

12

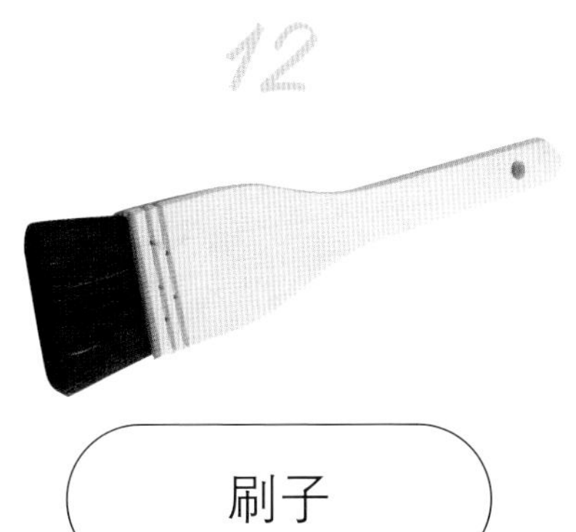

刷子

烘焙时常需要在蛋糕表面涂上果酱、糖浆等；除了基本款毛刷，目前市面上也有硅胶毛刷或可充填酱料的罐身设计的刷子。

13

隔热手套

手部进出烤箱时的必要防护措施，常见材质有传统厚棉布、硅胶等。挑选时可选择长及肘部的款式，避免手肘进出烤箱时被门板烫伤。

14

冷却网架、蛋糕倒扣架

海绵或戚风蛋糕出炉后一定要立刻倒扣冷却，才能留住蛋糕体里面的空气，其他种类的蛋糕则要等蛋糕体充分冷却了，才能脱模，成品才最漂亮。冷却网架、蛋糕倒扣架，都是为了让蛋糕在冷却过程中拥有更好的空气流通环境而设计。

Seasonings

制作蛋糕的调味料

可可粉 01

作为蛋糕主体时，可以和面粉一起过筛，制作成蛋糕面糊。若只是当作蛋糕表面装饰，则可选择防潮可可粉。

杏仁粉 02

烘焙专用的杏仁粉，是将外形像橄榄的甜杏仁研磨成粉，并非一般拿来冲泡饮用的杏仁粉。除了可拿来制作派塔皮、蛋糕、饼干之外，还有一种马卡龙专用杏仁粉，粉质更为细致，但价格也贵上许多。

巧克力豆 03

有黑巧克力和白巧克力之分。烘焙专用的水滴巧克力豆（或称为纽扣巧克力），大多经过调温处理，如此一来，作为蛋糕表面淋酱或甘纳许时，凝固后的巧克力会拥有光滑如镜的闪亮外表，即使作为内馅，口感也比较细滑。

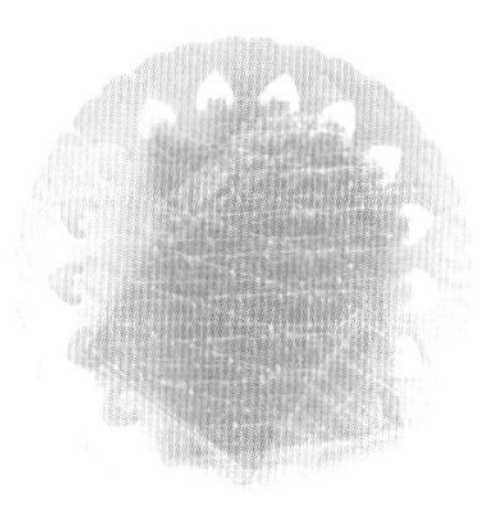

吉利丁 04

吉利丁是从牛骨或鱼骨提炼出来的一种胶质，不同于寒天或洋菜的偏硬口感，吉利丁成品口感最为绵滑，入口即化，故常用来制作慕斯蛋糕、生乳酪蛋糕，或做成布丁夹层。市面上可以买到粉状或片状，功能相同，差别只在于用法不同；若为素食者，可以用吉利T（Jelly T）取代，这是一种植物性海藻粉，口感介于洋菜与吉利丁之间。

抹茶粉 05

抹茶粉可以增添蛋糕的风味，并改变蛋糕色泽。一般冲泡式的抹茶粉就可以拿来做蛋糕；但若只是当作蛋糕表面装饰，可选用防潮抹茶粉。

单纯用蛋、糖、奶油、面粉做成的原味蛋糕，就已经很美味了，但总是少了些变化。这时候只要加入巧克力、杏仁粉、香草酱、朗姆酒、抹茶粉或优格，蛋糕的味道、口感和质地就会全然不同！

香草豆荚／酱 06

香草豆荚，是香荚兰的豆荚，又叫香草枝。除了增加蛋糕香气，天然的香草荚里面还含有 250 种以上的芳香成分及多种人体必需氨基酸。使用香草豆荚时，先对切成两片，再把黑黑的、一小点一小点的香草籽刮出来即可，这就是香草气味的主要来源。

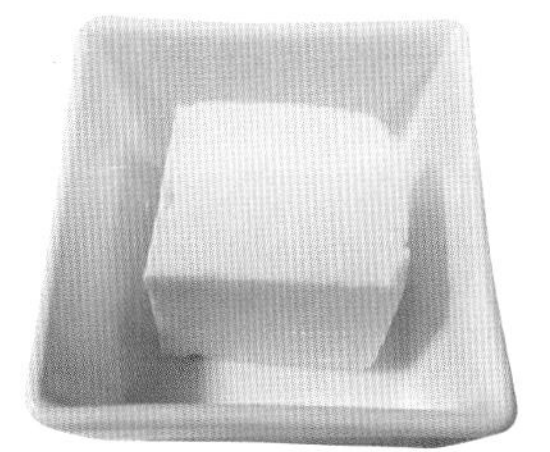

奶油奶酪 07

严格来说，奶油奶酪是属于软质奶酪的一种，呈半凝固流质状，乳脂含量高达 70%，是在牛奶中添加鲜奶油所制成，可用来制作干酪蛋糕，亦可单纯当作抹酱。

朗姆酒、君度橙酒、白兰地 08

在许多蛋糕配方中，都可以发现朗姆酒的身影，它是一种以甘蔗糖蜜为原料的蒸馏酒，最大特色是可以激发出巧克力的香气与味道。此外，如君度橙酒、白兰地等，也都是用来增添糕点风味的常用酒。

优格、酸奶、酸奶油 09

优格是以牛奶为原料，加入酵母菌后发酵而成；酸奶则是液态的优格；至于酸奶油，则是乳酸菌与动物性鲜奶油发酵而成，呈乳霜状，淡淡的奶香中还带点酸度，是制作重乳酪蛋糕时非常重要的材料。

新鲜果汁、柠檬皮、果泥、果干

从新鲜水果取得的果汁、果泥、果皮，或是干燥后的果干、坚果类，其实也是增加蛋糕风味的重要调味料。像常见的香蕉蛋糕、蓝莓蛋糕等，就是要吃到绵软香甜的果肉口感，才算合格。只不过，因为各种新鲜水果的含水量、含糖量都完全不同，初学者应尽量遵循食谱配方来制作。如果刚好无法取得食谱上的水果种类，在自行替换时，也应选择质地相仿的水果。

Sweet dessert

Chapter 2

Cake Baking Basic

START！
蛋糕的基础篇

了解过蛋糕的不同类型和特性，就知道食谱中为何对蛋糕的打发方式和拌和方式会这么严格要求，避免因遇上不明就里的失败而产生挫败感。一旦理解蛋糕的制作原理与成功关键，之后在品尝每一口蛋糕时，也将更懂得享受美味之外的各种奥妙！

基础篇

01

蛋糕种类与特征

01. Batter Type cake

面糊类

- 磅蛋糕、杯子蛋糕、大理石蛋糕、水果蛋糕等
- **膨胀主要材料**：油脂

面糊类蛋糕主要是以面粉、油脂、糖、鸡蛋及牛奶为基础，配方中含有大量的油脂，通过搅拌，让油脂联结面粉、糖及水分，并拌入大量空气让蛋糕面糊的组织变得蓬松柔软。通常配方中的油脂用量，若超过面粉用量的 60%，油脂在搅拌过程中就能挟带足够的空气，帮助蛋糕在烤炉中膨胀；不过，当油脂比例低于面粉量的 60% 时，就需要泡打粉或小苏打粉帮助蛋糕膨胀。

拌和方式	油脂含量	拌和技巧	口感特色
粉油拌和法	60% 以上	❶油类先打软，加入面粉打至蓬松，再加糖打发呈绒毛状，最后再分次加入蛋及牛奶（湿性材料）搅拌至光滑 ❷勿过度搅拌，以免面粉出筋	组织绵密松软，口感细致温润
糖油拌和法	依糕点种类而定	❶油类先打软，加入糖打发呈松软绒毛状，分次加蛋（湿性材料）拌匀，最后再加入粉类材料拌和 ❷拌和糖油时，以中速搅拌即可	烤出来的蛋糕体较大，口感扎实（例如：磅蛋糕）。也能做出酥脆的口感（例如：曲奇饼干、凤梨酥等）

02. Chiffon Cake

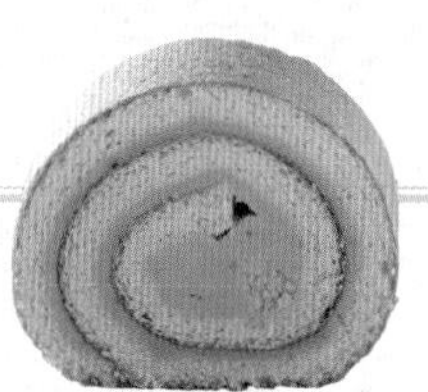

戚风类

- 戚风蛋糕
- **膨胀主要材料**：混合面糊类和乳沫

戚风一词，是从法文而来，意指比丝绸更轻薄的雪纺纱，借以形容戚风蛋糕的轻盈质地。严格来说，戚风类蛋糕算是面糊类和乳沫类蛋糕的综合体，制作过程包含两大部分：一、将蛋白和配方一部分先行打发；二、加入蛋黄面糊搅拌。最大的特点是水分充足，组织松软，也是鲜奶油蛋糕或冰淇淋蛋糕常用的蛋糕基底。

03. Foam Type cake

乳沫类

●天使蛋糕、海绵蛋糕、马卡龙等

●**膨胀主要材料**：全蛋或蛋白

乳沫类蛋糕又称清蛋糕，是透过蛋白或全蛋的起泡特性，在搅拌过程中拌入大量空气，因为可直接受热膨大，所以就算不用泡打粉也能拥有优异的膨发效果。

主要材料包含面粉、糖、蛋或少量牛奶、油脂，配方中不使用奶油之类固态油脂，但为了减低全蛋蛋糕的韧性，制作海绵蛋糕时可酌量添加植物油之类液态油脂。由于乳沫类蛋糕的口感清淡却又十分细致，非常适合做造型装饰，并可变化延伸出多种蛋糕口味。

乳沫类蛋糕（Foam Type cake）	打发方式	口感特色
蛋白类（Meringue）	以蛋白打发作为蛋糕组织和膨胀来源	蛋白用量占配方中的 45% ~ 48%，蛋糕色泽洁白、口味清爽，俗称天使蛋糕
海绵类（Sponge）	使用全蛋或蛋黄加全蛋混合，作为蛋糕组织和膨大来源	蛋糕组织形似海绵，松软而有弹性，会随着蛋量比例而有少许的颜色差异。常见的瑞士卷、蜂蜜蛋糕等都属于海绵类蛋糕

04. Mousse Type cake

慕斯类

●冷藏类的冰品蛋糕

●**膨胀主要材料：奶油**

慕斯蛋糕是一种奶冻式的甜点，可以直接当作主角或作为蛋糕夹层使用。决定口感的关键是打发的鲜奶油与凝固剂（吉利丁），掌握好关键，便能制作出口感浓郁绵稠的慕斯冻。

此外，制作慕斯蛋糕的另一个重点就是，配方中的蛋白、蛋黄、鲜奶油都要单独与糖打发，再混入一起拌匀，而且无法立刻食用，一定要先低温冷冻后再食用，口感才会是最佳状态。

05. Cheese Cake

乳酪蛋糕

● 重乳酪蛋糕、轻乳酪蛋糕、生乳酪蛋糕

● **膨胀主要材料：奶油奶酪**

重乳酪蛋糕通常不加面粉，也不打发蛋白，而以饼干为基底，直接隔水烤熟，口感比较扎实；轻乳酪蛋糕则必须打发蛋白，并加上面粉，同样要隔水烤熟，但口感比较松软绵密；生乳酪蛋糕则不需要进烤箱烤熟，所以配方中不会有鸡蛋，而是把打发后的奶油奶酪拌入吉利丁与鲜奶油混合液，放入冰箱冷藏即可。

Basic Steps

制作蛋糕的基础程序

01. 备 料

从挑选食材、工具，到分量的拿捏，充分了解每一种材料的特性，并遵循食谱中所要求的温度、重量逐一准备好。

02. 打 发

除了搅拌均匀之外，还包含打发的状态。依据蛋糕种类不同，需要打发的材料和程度也都不一样。

03. 入 模

将面糊倒入烤模后，除了要敲震几下，让空气排出，还要确认入模前是否需要事先铺纸、涂油、撒面粉等防粘处理，也会影响蛋糕成品外观。

04. 烤 焙

不论烤箱的类型与大小，或多或少都会出现温差，所以烤模的放置，乃至于烤制过程中的上、下火温度调节等，都马虎不得。

和制作面包或点心不太一样，制作蛋糕的每一道程序都不容许出错，但也不要担心失败，因为每一位蛋糕大师都是从失败中获得经验！

05. 出 炉

刚出炉的蛋糕，蛋糕体内还残留着些许空气，需要再敲震吗？究竟要“正放”，还是要“倒扣”？技巧各有不同。

06. 冷 却 脱 模

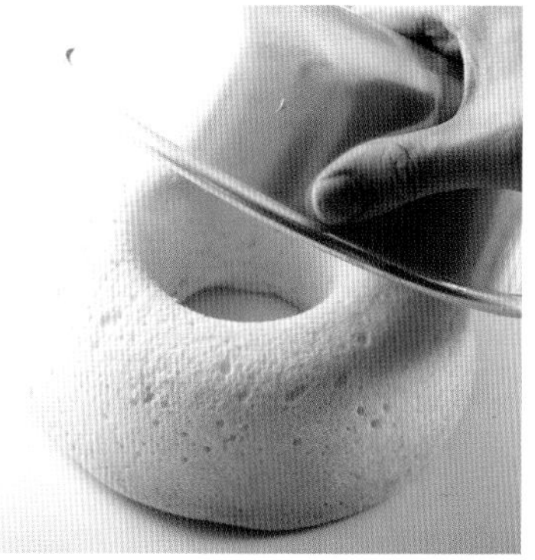

大部分的蛋糕都必须放至完全冷却才能脱模。只要烤温控制得当，蛋糕又烤熟且膨发完全，就算徒手也能漂亮脱模。

07. 装 饰

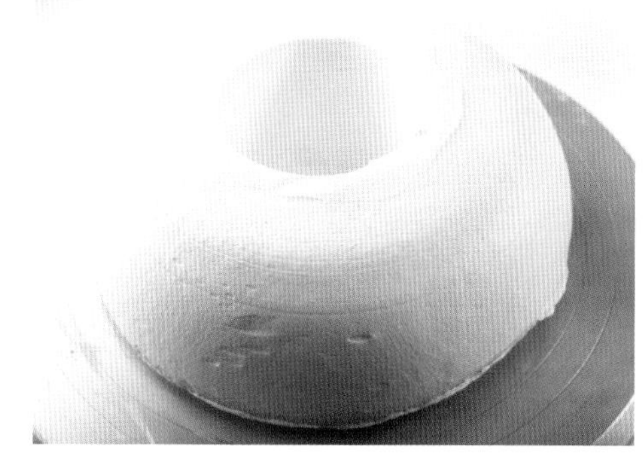

适度装饰蛋糕，能让蛋糕的口感与风味更具层次感，如果烤制或脱模时让外观出现小小瑕疵，也能借由装饰弥补缺憾。

食材把关 × 完美比例 × 按部就班

从备料开始学习做蛋糕吧！不论烘焙新手、老手，甚至是职能级的达人，备料都是重要的第一步。

现代人对于蛋糕的需求，不仅要美味，更要健康。尤其在历经几次大规模的食品安全风暴后，消费者对于食品安全更加重视，再加上养生意识抬头，自己动手做蛋糕，至少可以确保食材的来源、纯净度与新鲜度，减少吃入人工添加物的概率。

再者，“工欲善其事，必先利其器”，除了食材之外，烘焙过程中需要用到的各式工具，例如搅拌器、烤箱、打蛋盆、烤模、防粘纸等，因为会直接接触到食材，所以也必须挑选符合安检等级，且不易释放有害物质的制品才行，尤其是烤模，不管是其热传导力、材质耐久性，还是其保养清洁方式，都不能等闲视之。

紧接着便是将这些原料和工具，按步骤和制作流程，逐一称量、分类排好，以免操作时出现忙乱、混淆的情况。从鸡蛋、糖、面粉、奶油……开始，不同的蛋糕种类，都有其不能任意替换的完美比例配方。谨记一点，制作蛋糕凡事力求精准到位，绝对没有差不多这件事！

Q1 分蛋法中的蛋黄和蛋白如何完美分离？若彼此混到些许，会影响打发效果吗？

答｜**打发后的体积：蛋白大于全蛋，全蛋大于蛋黄**

鸡蛋一定要够新鲜。其次，尽量选择洞口设计略窄的分离器，以免蛋黄尺寸较小时，在分离蛋白过程中不慎从洞口滑落。另外，蛋白的打发原理，是蛋白中富含蛋白质，具有优异的起泡性，当蛋白质因为包进空气而被撑开时会产生薄膜，变成一个个气泡，而这些气泡绝不能碰到水或油脂，否则很容易就会消泡。蛋黄本身则因为富含脂质，所以就算只混到一点蛋黄，也会影响打发效果，因此单纯打发蛋白时，泡沫会比较多、比较挺，发泡后的体积几乎是打发全蛋时的 2 倍大。如果蛋白看起来水水的，便不宜再使用了，因为会很难打发。

蛋白和蛋黄完美分离

鸡蛋越新鲜，蛋黄看起来越浑圆饱满，蛋黄膜不易破裂，可以完美地从蛋白中分离出来。

蛋黄呈散状混入蛋白中 NG

当鸡蛋不够新鲜时，蛋白、蛋黄的黏稠度较差，几乎呈松散状，一敲开蛋壳，蛋黄马上就散落至蛋白里。

Q2 烤箱旋风功能开启时，会影响升温或蛋糕膨胀效果吗？

答｜**旋风烤箱升温快，易带走水分，不适合烤乳沫类蛋糕或戚风蛋糕**

旋风式烤箱通过循环加热使烤箱内温度均匀，预热时间虽然较快，但只要一开烤箱门，就会瞬间降温约 50℃。另外，烘烤中不断吹拂在蛋糕表面的热风，是透过烤箱内的风扇来吹送，容易带走蛋糕体中的水分，甚至让烤箱内的温度无法集中加热，若打算烘烤需要膨发的乳沫类蛋糕或戚风蛋糕，或需要上下独立控温的蛋糕时，便不建议启动这个功能。

切记，要让烤箱内部达到均温的状态，至少要 25 分钟以上，烤箱中的旋风功能虽可加速热气在烤箱内传导，使其温度均匀分布，但考察制作蛋糕的前置作业时间通常不会超过 20 分钟，所以建议在备料之前，就要先启动烤箱预热，而且升温至所需温度后，就要立刻关闭旋风功能。

开启旋风功能烘烤后 NG

膨发不足、蛋糕体又过于干燥的海绵蛋糕。

Point

旋风式烤箱的上火功率常常高于下火

一般旋风式烤箱的上火功率常常高于下火功率，所以同时间同温度使用时，上方加热管的颜色看起来会更红。

蛋黄颜色会影响蛋糕成品的颜色吗?

答 会！蛋黄颜色越红、添加比例越高，蛋糕颜色越深

基本上，蛋糕中蛋黄的比例越高，成品的颜色就越呈金黄色。一旦使用了不新鲜的鸡蛋，成品也比较不易上色。

至于为什么有些蛋黄是偏橘红色，有些则是浅黄色，其实蛋黄色泽深浅与营养价值高低，两者之间并没有直接联系。蛋黄颜色的深浅，与胡萝卜素的含量多寡有关，若鸡食用的饲料中包含较多的玉米或植物性叶黄素，蛋黄就会偏橘红色，不过，有些饲养员会在饲料中加入化学染剂让蛋黄变红，所以千万别再迷信橘红色蛋黄比较营养，做出来的蛋糕也比较香的传言了。

以纯蛋白制成的天使蛋糕

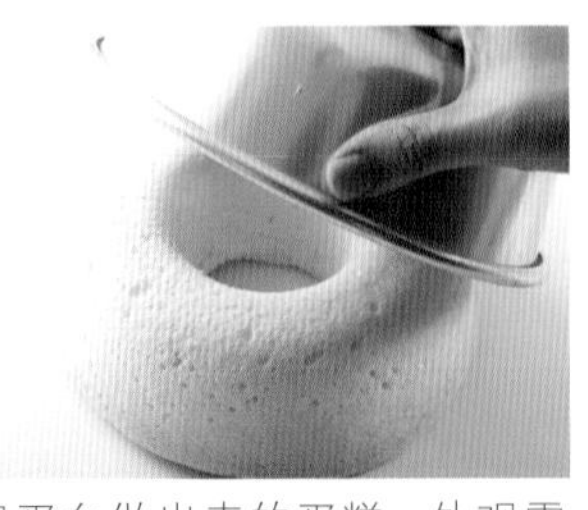

只使用蛋白做出来的蛋糕，外观雪白，质地轻柔却不失坚韧。

加入蛋黄的海绵蛋糕

除了糖分含量之外，蛋黄比例越高，蛋糕外观越会呈现漂亮的金黄色。

Q4 有些蛋糕要使用熔化后的奶油，一定要用隔水加热法吗?

答 奶油先切小块，直接微波 10 ~ 15 秒，或隔水加热皆可

将奶油先切小块，用微波炉加热 10 ~ 15 秒，或以隔水加热方式，就能取得优质稳定的奶油，不当的加热方式会破坏奶油中的乳脂结构，进而影响奶油应有的风味。

不管采用哪一种加热熔化方式，都不宜加热至滚沸，因为经过高温熔化后的奶油，容易形成上下两层的油水分离状态，甚至让奶油色泽变成微焦的深褐色。

强微波

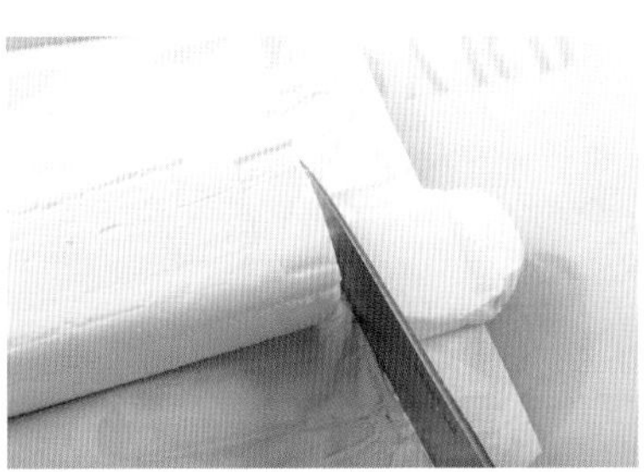

切成小块，强微波 10 ~ 15 秒，微波时间依奶油分量而定。

隔水加热

隔水加热至奶油熔化 60% ~ 70% 即可熄火，让它继续熔化。

Q5 为什么有些食谱会使用冰鸡蛋，有些又建议鸡蛋的温度必须稍高一些?

答｜选择新鲜的室温蛋，打发蛋白时，可加入塔塔粉或柠檬汁让泡沫更细致紧实

一定要用新鲜的室温蛋。鸡蛋冰过再退冰，会影响成品的完美程度，韧性和泡沫性会变差，打出来的蛋白会不够挺。

打发蛋白时，通常蛋白的温度建议保持在23℃左右，夏天时，若室内温度太高，可在搅拌盆底部垫冷毛巾降温，或先放至冰箱冷藏几分钟后再打，成功率会较高。不过，要特别注意的是，对新手而言，刚从冰箱拿出来的鸡蛋，虽然可以快速打发出细致又紧实的蛋白霜，但膨胀后体积会略小一些，这一点要特别注意。其实，若担心打发后的蛋白很快消泡，可在打发过程中加入塔塔粉或柠檬汁，因为蛋白偏碱性，而塔塔粉呈酸性，可以中和蛋白中的碱性，让蛋白产生更多泡沫且不易塌陷。

打发全蛋时，因蛋黄内含脂质，会抑制蛋白质起泡，所以发泡速度可能不如蛋白来得快，因此有些食谱会建议在打发之前，先将鸡蛋泡在热水里，使其稍微升温至38～43℃，借以降低蛋黄的稠度并增加气泡性。但如果是使用电动搅拌器来做打发动作，其实温度的影响力并不大，通过定速且必要的搅拌时间，一样可以完美打发。

蛋白泡沫呈水乳状，一直无法顺利打发 NG

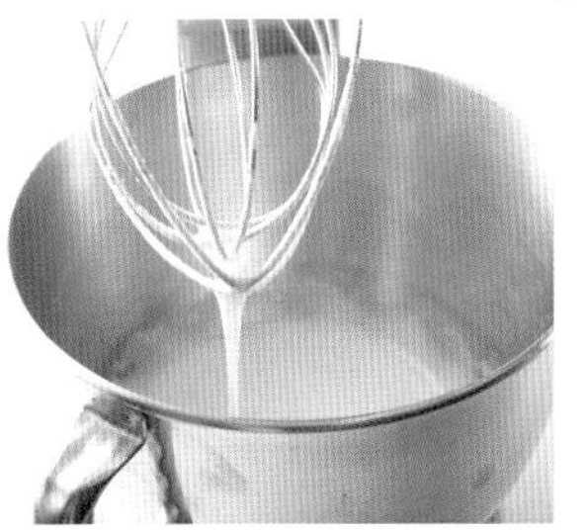

室温超过30℃时，蛋白会变得稀薄，胶黏性减弱，无法保留打入的空气，若使用手持式搅拌器会更难打发。

打发后的蛋白，一下子就消泡了 NG

使用电动搅拌器，虽然可以打出大体积的泡沫，但泡沫的结构却不够绵密、挺实，原因是一开始就以中、高速打发。

解决方法 可加入塔塔粉或柠檬汁

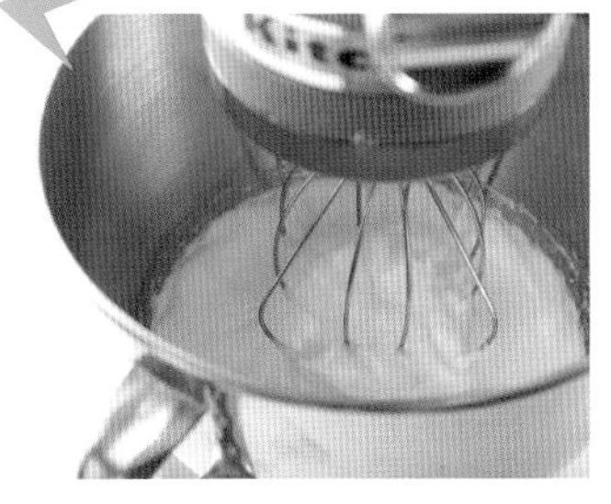

塔塔粉的用量，大约是蛋白的1%；若选择只加柠檬汁，比例是3%。

蛋白的泡沫性和韧性都极佳 OK

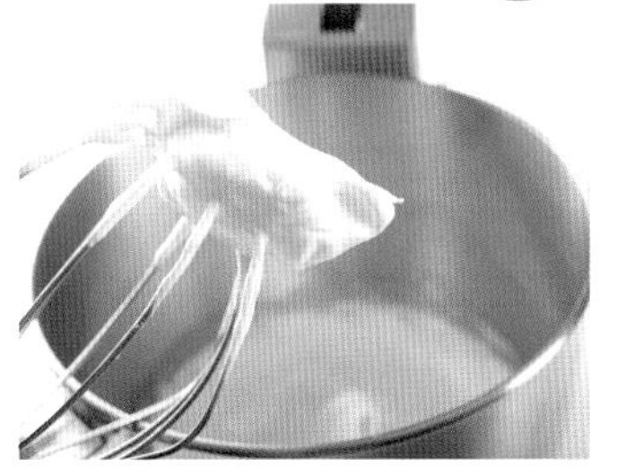

先用慢速起步，之后转中速；当塔塔粉与蛋白混合均匀，泡沫会变得更多、更细致，这时再分3次加入糖，便能完美打发。

完美打发，取决于温度和速度

将奶油、蛋黄、蛋白、蛋液、奶油奶酪完美打发，使其在搅拌阶段便充满绵密丰盈的泡气性，是让蛋糕体维持膨胀度的关键。其实，通过适宜的温度、速度控制，就算不借助化学膨胀剂（例如：泡打粉），也能烤出柔软且蓬松的蛋糕。

但究竟要打到什么程度才算是完美打发？打发不足或是打发过头又是什么样子，会有什么后果？以下我们将从奶油打发、全蛋打发、蛋白打发、蛋黄打发、鲜奶油打发、奶油奶酪打发等不同类别，提醒大家几个容易混淆的打发技巧。

打发技巧中的另一个关键是速度的转换，除了最安全的中速之外，有些环节必须采用高速，有些只能使用低速，不一样的转速控制，会让成品的发泡情况全然不同，这一点也是初学者在制作蛋糕前必须先了解的功课之一。

Q1 奶油回温太快，变得太软，会影响打发效果吗？

答｜过度软化的奶油，不能有效包覆住空气，无法打至发白的状态

以奶油面糊为主角的蛋糕，特别注重奶油打发的效果，当奶油回温太快，变得太软时，奶油中的固态脂肪会因为温度上升而变成液态，就算加糖一起打发，也不能有效包覆住空气，无法打至发白的状态。而若变成液态奶油，就算重新放回冰箱冷藏，奶油的结构也已经改变，乳霜性及可塑性都消失了。

软硬适中的奶油，应该是用手指按压奶油时，可以轻松压陷下去，以搅拌器搅拌时，可以感觉到些许阻力，才是最佳状态。建议先将奶油切小丁，恢复至室温的速度会快很多。

奶油软硬适中

用手指按压奶油时，可以轻松压陷下去。

奶油太软

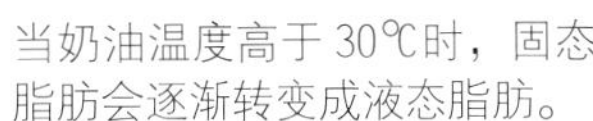

当奶油温度高于30℃时，固态脂肪会逐渐转变成液态脂肪。

奶油切成小丁

将奶油切成小丁回温，几乎不到5分钟就可以使用了。

Q2 未等奶油打发至体积膨胀、颜色泛白，一开始操作时就直接加糖，可以吗？

答｜可以，但速度不要一开始就调至高速

在奶油中加入糖一起搅拌，原本就是为了通过与糖不断摩擦，而将空气打入奶油中，所以加糖的时间点可早、可晚，差别在于膨胀度的多寡。最佳的奶油膨胀度，是先用中速将奶油打发至体积膨大、颜色泛白，之后再加入糖，继续搅打2分钟，奶油的膨胀度会更好。若习惯一开始就加糖打发，可先用低速将奶油和糖混合均匀，再以中高速打至奶油泛白、膨胀。

一开始就加糖

先用低速将奶油和糖混合均匀，再以中高速打至奶油泛白、膨胀。

打至泛白再加糖

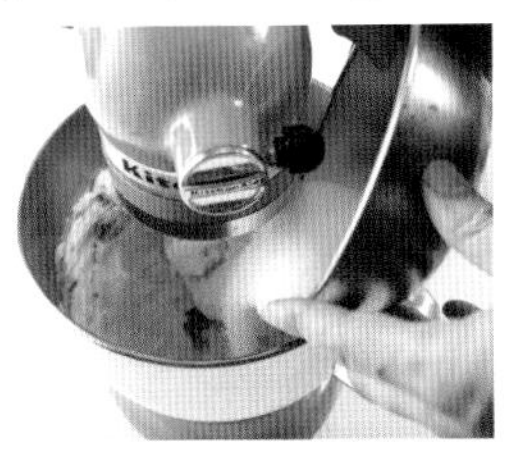

先用中速将奶油打至泛白、膨胀，再加糖续打2分钟，奶油的膨胀度会更好。

Q3 一定要打到奶油纹路呈羽毛状吗？

答 | 糖和奶油完全混合，颜色呈米白色，完全没有颗粒就可以了

奶油不一定要打至纹路呈羽毛状，虽然奶油打得越发，口感越酥松，但是做蛋糕，需要的是绵滑的膨发效果，而不是酥脆感，所以只要让糖和奶油完全混合，颜色呈米白色，完全没有颗粒就可以了。

要判断奶油是否打入充足的空气，其实不难。当黄色的奶油开始微微泛白时，就是奶油中充满气泡的证据。另外，奶油含量越多，奶油霜的纹路会越清晰，形状也会越坚挺。

边缘有细细的羽绒状 OK

加入糖搅打过程中，须注意残留在盆边和盆底的糖粒，舀起奶油霜时，颜色泛白，边缘有细细的羽绒状即可。

奶油颜色还没变白 NG

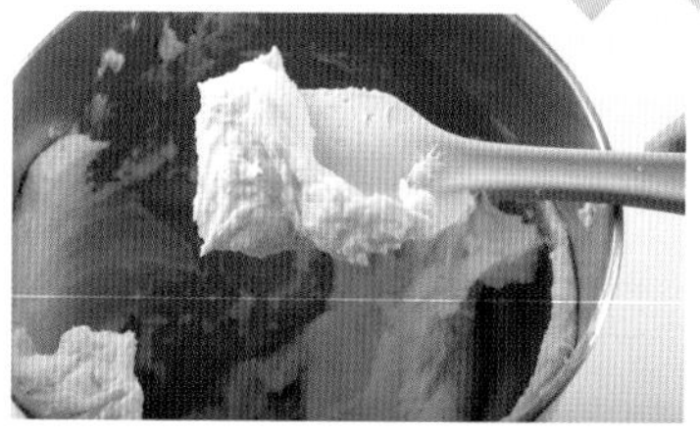

打发奶油时，搅打时间不够，奶油里仍残留糖粒，奶油颜色仍是黄色，还没开始泛白。

Q4 制作蛋黄面糊时，加入牛奶、油脂、粉料的最佳时间点与诀窍是什么？

答 | 过筛后的粉料最后加；牛奶和油脂只要快速拌匀即可

制作分蛋法中的蛋黄面糊时，蛋黄和糖也要先打发，搅拌至砂糖完全溶化，蛋黄颜色变浅即可；之后再分次加入液体类，粉料类最后拌入。液体类则只要快速拌匀即可，若担心出现油水分离的情况，水性和油性材料可以轮流交替添加，别忘了，每一次新加入的液体都要搅拌均匀后，才能再添加下一回的分量。

蛋黄加糖，微微打发

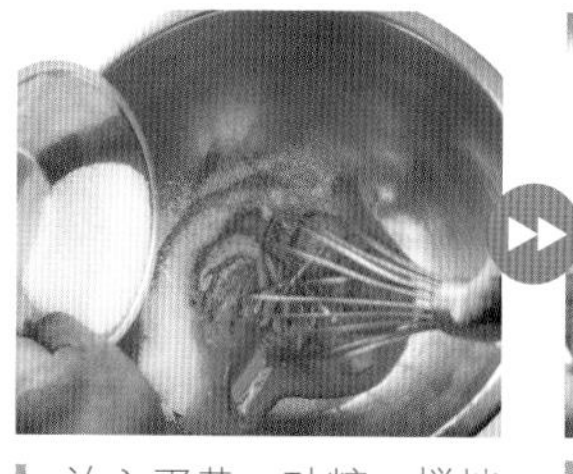

放入蛋黄、砂糖，搅拌至砂糖完全溶化，蛋黄颜色变浅。

分 2 ~ 3 次加入牛奶

拌入液体类时，每一次都要搅拌均匀后，再添加下一回的分量。

分 2 ~ 3 次加入油脂类

若担心出现油水分离的情况，水性和油性材料可以轮流添加。

粉料类最后再加

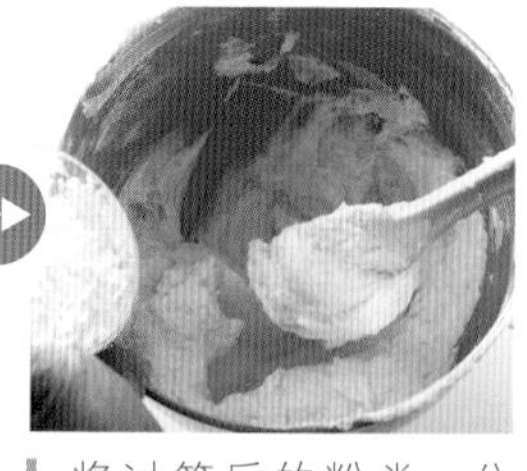

将过筛后的粉类，分 2 ~ 3 次加入奶油霜中搅拌均匀。

Q5 打发过程中，奶油和鸡蛋油水分离，无法融合成完美的霜状，怎么办?

答 加面粉，即可再次把奶油和鸡蛋融合

奶油没打好或过度打发，便容易出现油水分离的情况。尤其是加入鸡蛋后，因为鸡蛋中同时含有水分和油脂，如果一次全倒入奶油中，鸡蛋中的水分无法与富含空气的奶油霜快速融合，就会出现豆花状的油水分离。刚出现油水分离时，先不要太过惊慌，只要加入少许之后要添加的面粉，就可以把看似油水分离的状况调整回来，但也不能过度搅拌，以免面糊出筋。

记住，曾经油水分离过的奶油面糊，烤出来的蛋糕，膨胀度一定会稍稍减分，这一点，要有心理准备。

油水分离的奶油面糊 NG

鸡蛋没有一颗一颗慢慢加，每回都没有充分拌匀，就拌入下一颗。

解决方法 加入面粉混拌

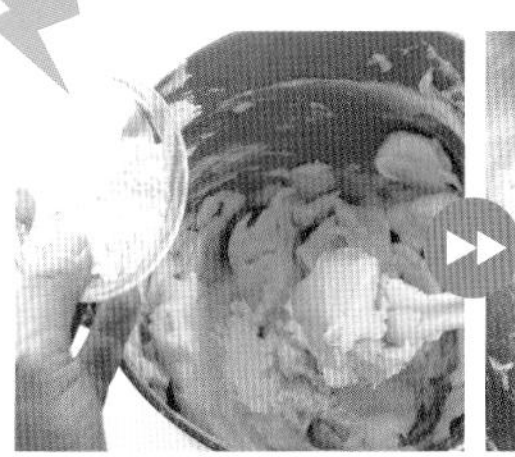

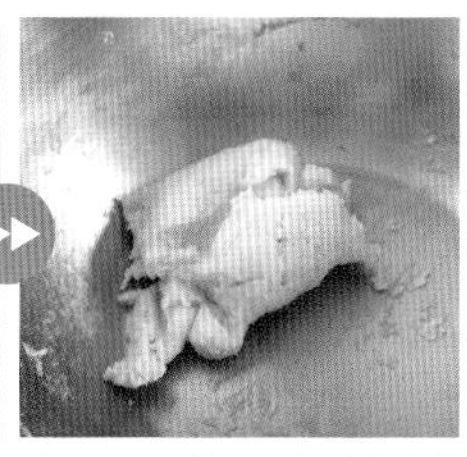

刚开始出现油水分离时，只要加入少许面粉就可以抢救回来，但搅拌要采用切拌、刮匀的方式，千万不要过度搅拌或将面糊压实，那样会造成蛋糕无法顺利膨发。

Q6 为什么蛋黄面糊过度搅拌后，蛋糕成品就不松软了?

答 出筋后的蛋黄面糊成品扁塌，易从腰部回缩

搅拌完美的蛋黄面糊，应该具有光泽感，黏稠力适中，且保有一定的膨胀度。当蛋黄面糊太过黏稠、体积明显缩小，就是搅拌过头了！

制作蛋黄面糊时，不管是先打发奶油糖，还是蛋黄糖，在突然加入性质完全不同的干性材料（例如：低筋面粉、泡打粉、抹茶粉、巧克力粉、盐等），或油性材料（例如：植物油、鲜奶油、蛋液等）、水性材料（例如：牛奶、果汁、咖啡等）时，若一次全部加入，或是比例不对时，常会因为太干、太湿、油水分离等情况而不容易搅拌均匀，这时应采取少量分次添加方式，而不是过度用力搅拌。因为如果面糊搅拌出筋，烤出来的蛋糕可能无法顺利膨胀、成品过于矮小，或放凉之后从腰部收缩，导致蛋糕成品不够松软。

搅拌适宜 OK

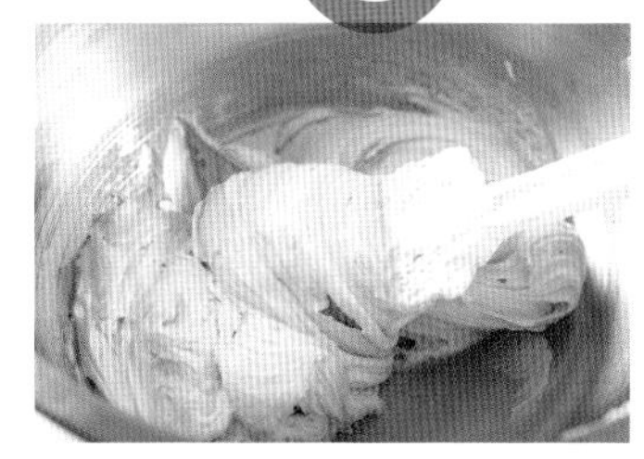

蛋黄面糊具有光泽感，黏稠力适中且保有一定的膨胀度。

搅拌过度 NG

蛋黄面糊过度搅拌，体积明显变小，黏稠力增强。

Q7 如何判断全蛋打发的最佳程度?

答｜**颜色泛白，膨胀至 2 ~ 3 倍大，呈细致光滑的乳沫状；舀起面糊时，流下来的面糊会有清楚的折痕，2 ~ 3 秒才沉入面糊中消失**

若使用电动搅拌器，先从中速开始，等到快结束时再调至高速，最后 1 分钟或 30 秒时转为低速，去除过大的气泡。判断全蛋是否打发至完美状态，可从以下几个现象判断: ①颜色泛白，呈乳白色; ②面糊体积膨胀至 2 ~ 3 倍大; ③面糊是细致光滑的乳沫状; ④舀起面糊时，流下来的面糊会有清楚的折痕，且 2 ~ 3 秒后才沉入面糊中消失。

流下来的面糊会有清楚折痕

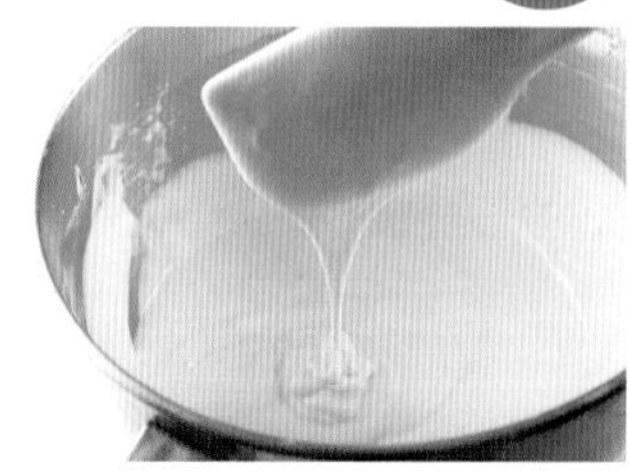

提起刮刀时，滴落的面糊应在表面留下清晰的折痕，且不会马上消失。

Q8 硬性发泡的蛋白，挺度该如何判断?

答｜**拉起来像冰淇淋，上面尖尖的**

对烘焙新手而言，若担心后续拌和蛋黄面糊的过程中会导致消泡，通常会建议将蛋白打至八九分的硬性发泡状态下，再来拌和。判断标准是，蛋白霜拉起来时，质地像冰淇淋，上面尖尖的，不会下垂，就是硬性发泡了。

蛋白尖峰挺立

颜色雪白如冰淇淋，提起搅拌器时，蛋白尖峰挺立、不会下垂。

Q9 制作乳酪蛋糕时，奶油奶酪要打发至何种程度?

答｜**呈乳霜状即可**

将处于室温状态下的奶油奶酪切小块，使用搅拌器先以慢速打散，然后分 2 ~ 3 次加入细砂糖，以中速搅打至外观为细致的乳霜状即可。

完美打发的奶油奶酪

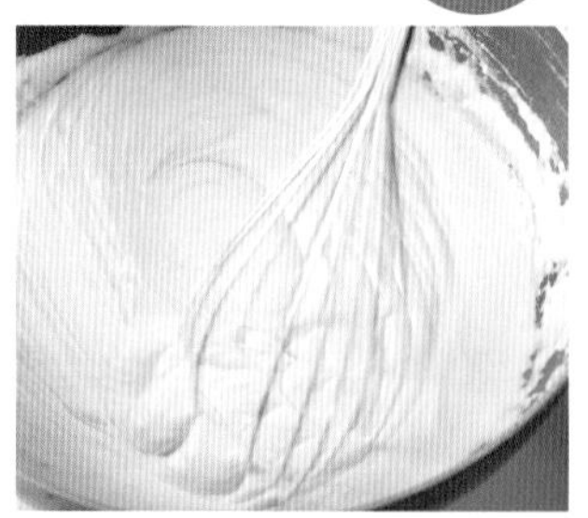

搅打至绵滑细致的乳霜状。

Q10 蛋白打发的程度应如何判断?

答 作为蛋糕体时，蛋白至少需打发至七八分的挺度

打发蛋白时，不能一开始就用高速搅拌，因为蛋白会来不及与空气拌和就提早凝固，以至于让乳沫结构失去弹性，烤出来的蛋糕会不够柔软。蛋白打发，大概可分为 4 个阶段。

约六七分

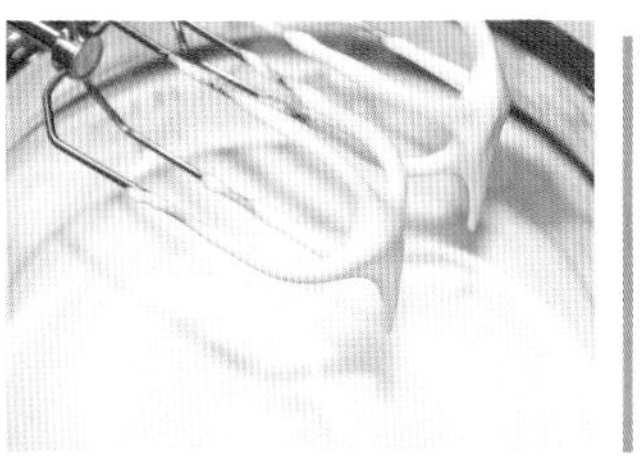

蛋白乳沫小而细腻，具光泽感。提起搅拌器时，蛋白尖端细长且下垂。适合制作天使蛋糕或轻乳酪蛋糕。

约七八分

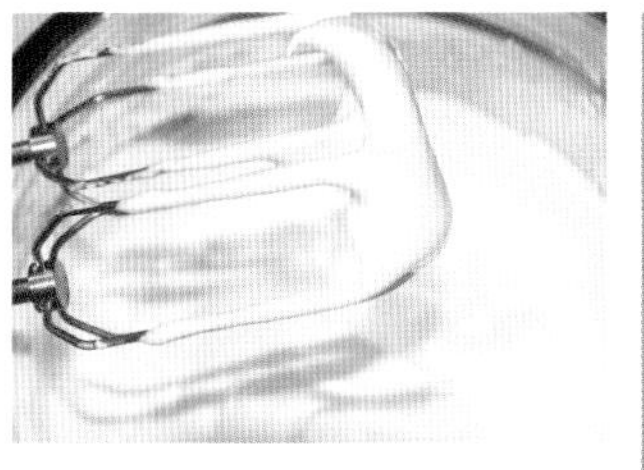

介于湿性和硬性之间，提起搅拌器时，蛋白尖端尖细且下垂。通常在湿性发泡后再以中速搅打几下就能达到中性发泡的状态。适合制作戚风蛋糕。

约八九分

蛋白乳沫细腻、有硬度，搅拌时能明显感到阻力，像是收缩成团的乳沫。提起搅拌器时，蛋白尖端挺直不会下垂。若将蛋白打至此种程度，烤出的戚风比较容易裂开，但很适合作为柠檬派上的装饰蛋白。

打发过度

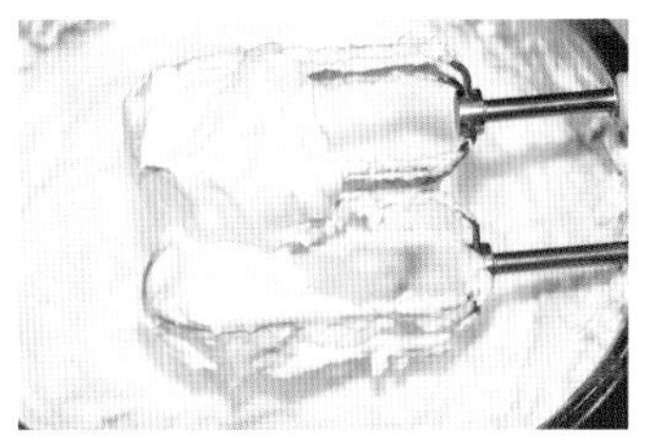

蛋白泡沫开始消泡，看起来像是一球一球的棉絮，严重时甚至会有出水的情况。此状态下烤出来的蛋糕体，会没有弹性或出现塌陷情形。

Q11 让蛋白稳定打发的小秘诀是什么?

答 加塔塔粉或柠檬汁

塔塔粉可以中和蛋白的碱性，帮助蛋白霜在打发过程中，稳定膨胀至足够大的体积，且产生细致安定的气泡，并让蛋白霜看起来更加洁白。

1 个蛋白的塔塔粉用量为 1/8 茶匙。若没有塔塔粉，可用柠檬汁取代，替换比例为：1 茶匙塔塔粉用 1 大匙柠檬汁取代，或塔塔粉：柠檬汁 = 1：3。

加入柠檬汁

柠檬汁亦可中和蛋白的碱性，帮助蛋白霜稳定打发，但效果仍不及塔塔粉。

鲜奶油的打发硬度是什么?

硬度像
冰淇淋
OK

鲜奶油本身、容器、工具最好维持冰凉的状态，转速为中到高速，但务必要定速打发。

答 | 硬度像冰淇淋

鲜奶油本身、容器、工具最好维持冰凉的状态，若以手动打发，因需要的时间较长，容器底可垫冰块，避免打发过程中升温，导致鲜奶油出现油水分离的情况。打发鲜奶油时，可以不用加糖，但转速不宜忽快忽慢，以电动搅拌器打发时，中到高速皆可，但要定速打发。

鲜奶油搅打过度也会油水分离?

油水分离的
鲜奶油霜

看起来有点像湿润的豆花，质地不够细致绵滑。

答 | 不能搅打过头，会油水分离像豆花

动物性鲜奶油会比植物性鲜奶油更容易出现油水分离的状态，尤其是倒出鲜奶油前没有摇晃均匀（因为动物性鲜奶油的乳脂容易遇冷而凝结沉淀），再加上动物性鲜奶油非常怕热，室温太高时，很容易就打到过发，让发泡组织变得粗糙，甚至造成油水分离。

Point

准备一台电动搅拌器吧!

虽然手持式搅拌器也可以打发蛋白、蛋黄、奶油、鲜奶油，但较费力费时。而且从上述 Q ＆ A 的介绍中不难发现，在必要状态下使用必要速度，甚至维持稳定的速度，就能打出量多、细致且绵密的气泡，并避免后续拌和或烘烤过程快速消泡。所以不妨先添购一台手持式电动搅拌器，之后若有多余的预算，再升级为台面式或落地式的电动式搅拌机。

避免消泡或出筋的两大关键：力度轻、时间短

对烘焙新手而言，搅拌这个程序，常常是导致原本完美打发的蛋白霜或面糊顿时消泡的重要步骤。虽然蛋糕不外乎就是面粉、鸡蛋、砂糖、奶油、牛奶的不同比例组合，但随着打发程度及材料组合的不同调配，会让面糊性质产生非常大的差异，再加上混拌过程中可能会加入固体状的粉类、坚果或液体状的材料，千万别为了拌匀，而过度搅拌面糊，谨记力度轻、时间短两大原则，才不会让原本气泡组织致密均匀的蛋白霜开始消泡或让面糊出筋。

此外，混拌过程中，可能有人会觉得奇怪，为什么有时要先舀一部分出来拌匀，然后再重新倒回去混拌，有时候却不用？其实这和面糊的质地与温度有关，通常两种黏稠度不同或含油量差异很大的材料，会先取一部分出来拌匀，尽量让两者质地趋于一致，会比较容易拌匀，就可以避免面糊因为过度搅拌而消泡了。

Q1 蛋白霜加入蛋黄面糊时，该怎么加？有哪些小技巧？

答 | 建议用刮刀，若使用搅拌器，容易拌入空气

因为蛋黄面糊和蛋白霜的油水比例、稠度质地完全不同，若直接混拌，一开始不容易拌匀，常会过度用力搅拌，建议先取 1/3 蛋白霜至刚刚搅拌好的蛋黄面糊中，让蛋黄面糊的质地变得比较轻盈、顺滑，然后再倒进剩下的 2/3 蛋白霜，以切入再翻转的方式，就可以在尽量不消泡的情况下，将蛋黄面糊与蛋白霜顺利拌匀。

用刮刀混拌 OK

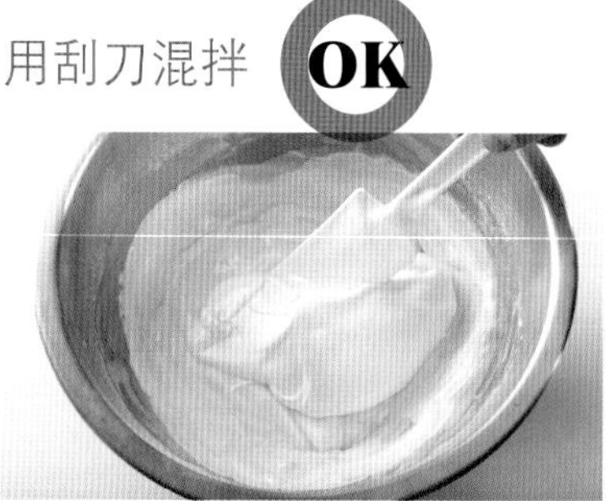

以切入再翻转的方式，将蛋黄面糊与蛋白霜拌匀。

用搅拌器混拌 NG

适合混拌八九分发泡状态的蛋白霜，但缺点是容易消泡。

Q2 混拌蛋白霜和蛋黄面糊时，还有哪些小技巧？

答 | 刚开始混合时，可以先切 3 ~ 5 下，手势要像拿刀子般

刚将两种黏稠度不同的蛋黄面糊或蛋白霜混合时，可以先切 3 ~ 5 下，通过切的动作把底层的材料多带上来一些再拌。记得，使用刮刀切拌面糊时，手势要像拿刀子般，切到底后，转动刀面，将底部较重的面糊沿着搅拌盆边缘翻到上面，这个动作就是拌。过程中，刀面不能离开面糊表面，重复切拌动作，直到所有材料混合均匀。

手势要像拿刀子般 OK

取 1/3 蛋白霜到刚搅拌好的蛋黄面糊中，手势要像拿刀子般，先切 3 ~ 5 下，帮助两种质地快速相融。

Q3 如何避免混拌过程中蛋白霜消泡?

答 橡皮刮刀保持在水平面以下，避免拌入空气，并以切拌的方式搅动

搅拌时，橡皮刮刀的刀面不能离开面糊水平面，以免拌入空气。将橡皮刮刀沿着盆缘直角切入盆底，以顺时针（或逆时针）方向，将面糊从盆底带起，一边转动刀面，靠近面糊水平面时，刀面要打平，但仍不能离开面糊表面。通过转动手腕的方式来转动刮刀刀面，并将舀起的面糊带入盆底。每完成 1 回合，就转动搅拌盆，移至下一次要切入位置，以同样的方式重复混拌均匀。

刀面离开面糊水平面 NG

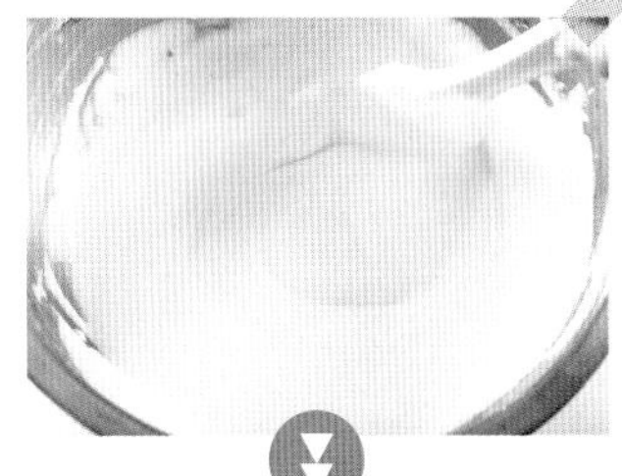

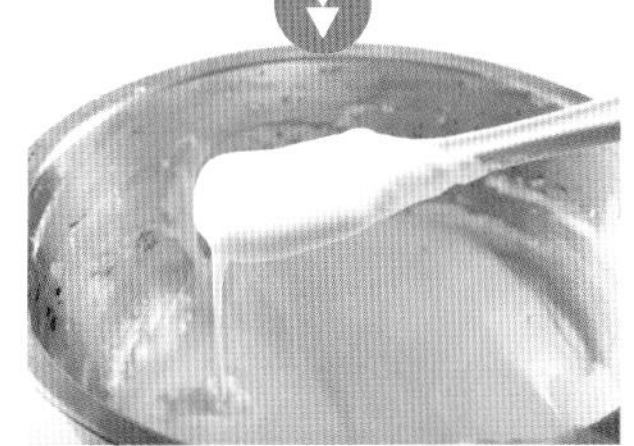

橡皮刮刀的刀面一旦离开面糊水平面，再重新切入面糊时，很容易拌入空气，造成面糊变稀、消泡。

搅拌过度而消泡了

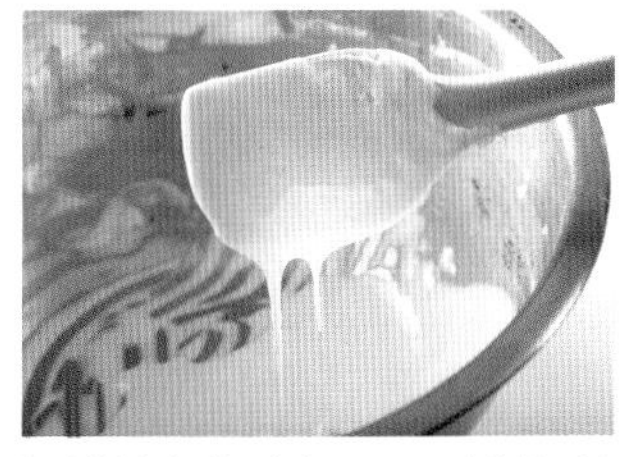

搅拌力度过大，而且搅拌时间过长，造成蛋白霜液化，原本绵细的气泡开始崩坏、消泡，导致面糊变稀而无法支撑材料的重量。

尽量朝同一方向搅拌 OK

将橡皮刮刀沿着盆缘直角切入盆底，以顺时针方向（或逆时针方向皆可），将面糊从盆底带起。

刀面不能离开面糊水平面

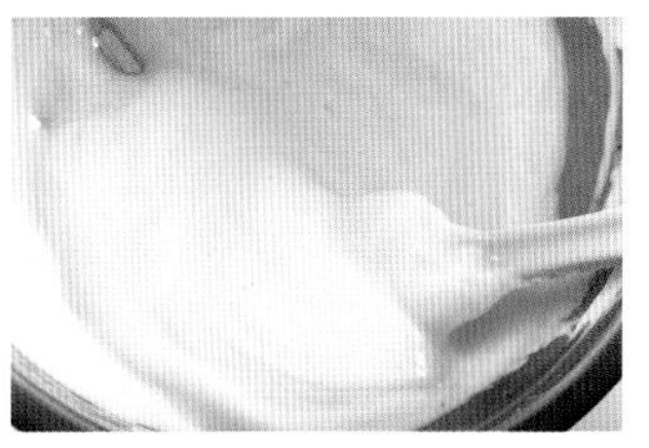

从盆底带起面糊时，要转动刀面，靠近面糊水平面时，刀面打平，但仍不能离开面糊表面。

有哪些蛋糕可以一次性将全部材料加进搅拌盆里，直接用搅拌器拌匀即可？

答 **像杯子蛋糕、松饼、玛芬之类，可以直接搅拌，省略打发步骤**

把所有的材料，如牛奶（或果汁、水）、熔化奶油（或植物油）、鸡蛋、面粉、糖、泡打粉等都混合在一起，搅拌均匀即可，但不能搅拌过头，以免出筋，导致蛋糕成品过于矮小，口感像馒头。

若是制作玛芬，就算是有点残留的面粉也没关系，因为这种面糊通常会比较湿，没有拌匀的面粉会立刻被烘烤过程中的水蒸气浸透，反而会让烤出来的玛芬蛋糕更为干松。

有些蛋糕只要搅拌均匀，不必打发

将所有材料全加入搅拌盆中，搅拌均匀；只有干果类是最后再拌入。

Q5 坚果类要先烤过或炒出香气吗？

答 **坚果类要先烤过或炒出香气**

例如无调味核桃必须先低温烘烤过，坚果香气才会更明显。这是因为核桃中富含的油脂必须经过烘烤或拌炒，才能散发浓郁的香气，并彻底去除保存过程中吸附的湿气。此外，通过烘烤或拌炒的动作，也能让包覆在蛋糕面糊里的核桃在出炉后仍保有一定的香脆口感。

烘烤前的核桃

尚未烘烤的核桃，颜色较淡，香气不足，口感也不够脆。

烘烤后的核桃

低温烘烤过的核桃，可以除去核桃中的湿气。若是调味过的新鲜核桃，则可跳过这个步骤。

Q6 蜜饯、水果干要先泡软吗？

干燥水果干要先泡软

答｜先浸泡在酒液里一个晚上，拌入面糊前要先沥干或挤干酒液

建议前一天晚上先将水果干放入朗姆酒拌匀、泡软。除了烘焙常用的朗姆酒之外，像白兰地、君度橙酒、巧克力奶酒、水果酒等也可以。但拌入蛋糕面糊前，一定要先沥干或挤干酒液，才不会让面糊因为含水量过多而消泡。

无糖浆的水果干或蜜饯，一定要先用酒泡软，沥干或挤干酒液后，才能拌入蛋糕面糊里。

Q7 拌入果酱（泥）时，要注意什么？

果酱必须是常温状态

答｜加入果酱（泥）的最佳时机，是在拌和蛋黄面糊阶段

必须是和面糊温度相近的常温状态。拌和阶段通常是在拌和蛋黄面糊时，可取代牛奶或水。除了考虑果酱的重量之外，浓稠度也很重要。

拌和果酱时，须考察果酱的浓稠度，以免蛋糕水分过多而消泡，或因为太过浓稠而让蛋糕成品过于干硬。

Q8 拌入巧克力粉、抹茶粉要注意什么？

粉类一起过筛

答｜和低筋面粉一起过筛，让调味粉类先均匀附着在面粉里

将调味粉和低筋面粉一起过筛，可以让调味粉类先均匀附着在面粉里，之后再拌入蛋黄糊，便可减少搅拌的次数和时间。

调味粉类（例如：巧克力粉、抹茶粉、芝麻粉等）可和面粉一起过筛，让粉末类先混匀。

Point

至少要准备2个以上的搅拌盆

制作蛋糕时，尤其是采用分蛋法制作时，需要混拌或拌和，建议至少准备2个以上不同尺寸的搅拌盆，才足够使用。挑选搅拌盆时，应以圆盆、不锈钢材质为优先考虑，一来便于快速打发，二来比较耐用耐刮。

基础程序4

入模

将模具打理成最佳状态，入烤箱前一定要先敲震出多余的空气

❶**挑选模具**：务必在制作蛋糕面糊之前，就先预备好模具。蛋糕烤盘或烤模的尺寸、容积，与面糊的质地、容量大多有一定比例，充填太多或太少，都会影响蛋糕的质量。

❷**清洁、防粘**：将模具洗净擦干后，应依据模具材质和蛋糕特性，决定是否进行防粘处理，例如：刷上奶油、铺拍面粉、垫防粘纸等。

❸**倒入面糊**：倒入蛋糕面糊时，力度要适中，才能完整留住面糊里的气泡，并避免留下缝隙或进入多余空气。尤其是面糊质地轻盈的天使蛋糕，或过于浓稠、流动性低的玛德琳面糊或玛芬面糊等，入模时很容易进入空气而造成大气泡。若不嫌麻烦，建议先把面糊装在挤花袋里，紧贴着模壁挤入模具里，大气泡就会减少许多。

❹**刮平表面**：面糊倒入烤盘或烤模后，应将表面刮平，这样才能确保烘烤后的蛋糕厚薄一致。

❺**敲震**：另一个重要步骤，就是蛋糕面糊在放入烤箱前，要连同模具在桌面敲震 1 ~ 2 次，就可以快速排除面糊内挟带的大气泡，让烤出来的蛋糕组织更加绵细。

Q1 如何刮平面糊表面？

答 可借助抹刀或刮板

10寸（1寸=3.3333cm）以上的海绵蛋糕或戚风蛋糕面糊，通常连同烤模在桌面上敲震几下，面糊表面就平坦了，不需要刻意用抹刀抹平。除非是制作瑞士卷或千层蛋糕，就需要借助刮板或抹刀，才能烤出厚薄一致、上色均匀的完美蛋糕。

解决方法 借助抹刀抹平

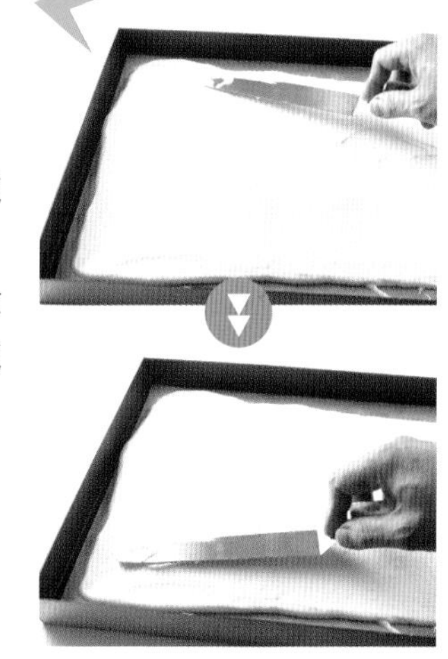

制作瑞士卷时，为求蛋糕成品的厚薄度一致且表面没有气孔，可借助抹刀，整平面糊表面。

烤模周边留有缝隙 NG

烤模的边角容易留有缝隙，尤其线条、造型繁复的烤模，更不容易让面糊完整充盈在模具里。

面糊表面凹凸不平 NG

面糊质地过于浓稠或轻盈时，流动性低，面糊表面容易不平整。

Q2 入烤箱前，要先敲震出空气吗？

答 先敲震出空气，成品才不会出现大型洞隙

放入烤箱前，双手握捧起装好面糊的烤模，从10cm高的位置，由上往下敲震烤模，将气泡震出，可促进蛋糕组织均匀，避免烤出来的蛋糕内部出现大型孔洞或裂缝。

至于要敲震几下，基本上大约2下就差不多了。敲震太多下，反而容易让面糊变得紧实，导致蛋糕成品不够松软。

Q3 蛋糕面糊入模时，要装几分满？

答 通常是七八分满

大部分的蛋糕，入模时的面糊高度大约七八分满即可，但每种蛋糕的膨胀度不同，可视烤模造型微调。

以杯子蛋糕来说，若出炉后想要在纸杯上直接装饰大量的鲜奶油，入模时就必须预留高度，大概装约五六分满即可。另外，像玛德琳，因为必须烤出膨胀的圆肚脐，所以面糊入模时是平模；而费南雪则是五分满即可。

八分满的可丽露面糊

每种蛋糕面糊的膨胀度不同，一般来说，七八分满是最不易溢模的安全值。

基础程序5

烘烤

影响烘烤效果的两大关键：烤箱预热、温度控制

在开始备料之前，就可以先预热烤箱了，需要的烤温越高或烤箱容积越大，预热的时间要越长，基本上，至少要 20 分钟以上。做好预热环节，可以让蛋糕在放入烤箱时，立即拥有良好的加热效果，让正确的温度能准确地传递到蛋糕组织内部，避免烤出外焦内生或膨胀失败的蛋糕。

烤箱内的层数设计至少要有 3 层以上，烘焙蛋糕时，要将烤模摆在烤箱的正中央，因此须先扣除烤模的高度，才不会让烤模顶到上方的加热管。

控制温度需要靠经验的累积，不管采用直烤法还是水浴烤，烤箱一定要能上下独立控温，而且电子式烤箱（触控面板）比机械式烤箱（转盘控温）更方便。虽然较专业的烤箱都设有加热指示灯，温度到了，指示灯就会熄灭，但须注意的是，如果家里的烤箱是加热管式，即使达到设定温度后就停止加热，但是加热管是不会立即冷却的，温度仍会继续升高，所以烤箱内部的实际温度和设定温度是有温差存在的。若想真正掌握烤箱内部的实际温度，可以准备一个烤箱温度计，实际测量烤箱内部的升温或降温情况。

Q&A 常见的问题与解答

Q1 为什么需要预热烤箱？预热的温度是多少？

答| 温度至少要到 180℃，蛋糕才容易烤出香气

10 寸以上的海绵蛋糕或戚风蛋糕面糊，通常只需连同烤模在桌面上敲震几下，面糊表面就平坦了，不需要刻意用抹刀抹平。除非是制作瑞士卷或千层蛋糕，就要借助刮板或抹刀，才能烤出厚薄一致、上色均匀的完美蛋糕。

预热温度比建议温度略高 10℃

开启烤箱，放入蛋糕面糊时，虽然可能只短短开启了 10 秒左右，但烤箱内部还是会快速流失温度，尤其是容量较小、恒温效果较差的烤箱，建议先调高 10℃预热，等放入面糊后，再调回食谱建议温度。

Q2 烤模与烤盘该放哪一层？

答| 让烤模维持在烤箱中央，而不是把烤盘放在正中央

每个人家里的烤箱大小不太一样，每次要烤的蛋糕大小也不尽相同，食谱上所指的中间层，指的并不是烤盘的位置，而是烤模的中线位置。尤其对容量偏小的家用型烤箱来说，10 寸以上的戚风模型，若以烤盘为摆放基准，基本上已经让烤模顶到上方的加热管了，建议可制作小一点的蛋糕尺寸，成功率会更高。

烤模要放在烤箱正中央

除了考察前后左右的距离，高度也是影响蛋糕面糊是否受热均匀的重要因素。摆放蛋糕面糊时，应该让烤模的中线位置居中，而不是将烤盘直接放在中间层就可以了。

Q3 在蛋糕表面划刀的作用是什么?

答 装饰性目的可能高一些

目的只是为了让表面裂纹看起来更工整!

当泡打粉比例不高,或蛋白霜并没有打到硬性发泡(约八九分)时,其实蛋糕表面是不太会裂开的,除非烤温太高或底火太强,中心面糊才会爆冲至表层。

蛋糕表面划刀,裂纹会更工整

当泡打粉比例较高,或蛋白霜打到硬性发泡时,蛋糕表面会裂开,属正常状况。

Q4 蛋糕表面到底是要裂开好,还是不要裂开好?

答 裂纹不重要,重点是底部完美、中间熟透

不管是分蛋法的蛋白打发,还是全蛋打发,只要打得越发,面糊内部的充气量就越高,因此在烤制时,空气遇热膨胀的情况也会比较剧烈,底火稍高一些,蛋糕表面就容易裂开。其实,蛋糕表面有没有裂纹并不重要,重点是底部完美、中间熟透。

底部没有烤焦

下火掌控得宜,蛋糕底部就不容易烤焦。

蛋糕中间熟透

稳定的烤箱温度,不但能让蛋糕均匀烤熟,口感也会比较湿润绵细。

Q5 烤盘里的水要先加热吗?

答 冷水进烤箱,烤盘不用先预热

水浴烤法,通常在烤制乳酪蛋糕时采用。在烤模外部的烤盘内注入 1cm 深的冷水,这个步骤会让烤箱底部的火候不至于升温太快,当烤箱水汽充足,蛋糕体才能保持一定的湿润度,乳酪蛋糕的口感才会柔软好吃。

热水会让蛋糕表面裂开 NG

烤盘内注入热水时,会让蛋糕面糊升温过快,蛋糕表面容易裂开。

Q6 如何判断蛋糕烤熟了？

答｜使用竹签或蛋糕探针

当蛋糕体积从最高点开始回落，就差不多快烤熟了。可以戴上隔热手套，轻轻拍动一下烤模，如果感觉蛋糕体是固定不动的，就是烤熟了。另外，像蛋糕师傅都是直接用手按压蛋糕中心表面，如果回弹明显，而不是塌陷，就代表蛋糕已经烤熟。

对烘焙新手而言，建议使用竹签或蛋糕探针直接插入蛋糕中心部位，如果有轻微的沙沙声，或有面糊、蛋糕屑粘在牙签上，就代表蛋糕里面还很湿，还没完全烤熟；如果牙签表面干净，则表示蛋糕已经烤熟了。虽然这是比较安全的做法，但缺点是蛋糕表面会留下一个小洞，影响整体美观。

烤熟的蛋糕 OK

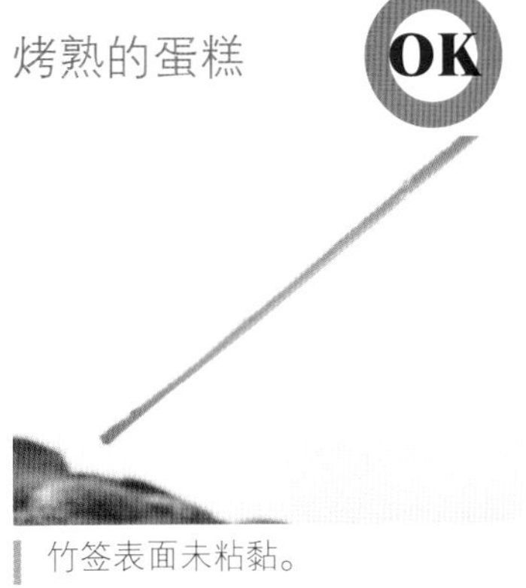

竹签表面未粘黏。

没烤熟的蛋糕 NG

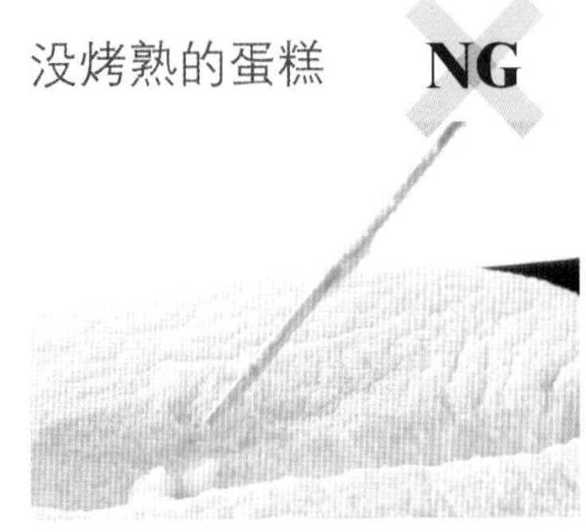

竹签表面微湿，粘有蛋糕屑。

Chapter 2 蛋糕的基础篇 START！

Q7 底层烤盘的高度与厚度应为多少？

答｜盘面深度至少要有 2cm

采用水浴烤法时，底层烤盘的大小要比蛋糕烤模大，因为注水高度约为 1cm，所以烤盘深度至少要 2cm，至于烤盘的厚度也不能太薄，以免端取蛋糕模时，因为承受不住上方面糊的重量而产生倾斜或滑动。送入烤箱时，先确定底盘位置，再把蛋糕模放入底盘上，最后再注水。

底盘要比蛋糕模大一些，深度至少 2cm OK

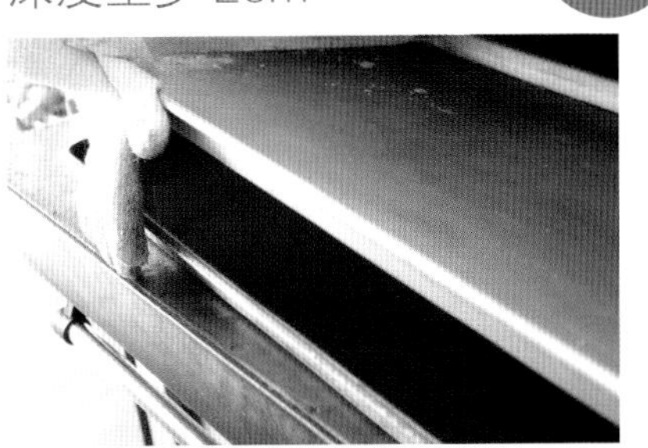

先放底盘，再将蛋糕模放在底盘上，最后再注水。

Point

不要担心没烤熟，而一直频繁打开烤箱

在烘烤的过程中，尽量避免频繁打开烤箱观察。尤其是制作蛋糕时，开关烤箱会使温度骤变而产生温差，影响蛋糕的膨发结构，甚至影响蛋糕的成形！如果烤箱没有设置炉灯，建议用手电作为辅助照明。

蛋糕一定要完全冷却，才能脱模、切片或装饰

刚从烤箱取出蛋糕时，原本膨润的蛋糕体，可能会在冷却的过程中稍微缩小一些，基本上都是正常的，不要太过担心。尤其是打发程度较高的戚风蛋糕或海绵蛋糕，一定要倒扣放凉，才能避免回缩太快。此外，一定要等蛋糕中心点都凉透了，才能进行脱模、切片或装饰。

为什么有些蛋糕食谱会建议戚风蛋糕出炉后，要立刻连同烤模在桌面上敲一下?这是因为有些人认为戚风的泡气量较高，出炉后再敲震一下，可以破坏蛋糕组织，让蛋糕排出多余水汽，更能帮助定型，避免因为水汽太重而造成蛋糕沉底收缩。但做这个动作的前提是，蛋糕要烤得够干、够熟，否则一经敲震，反而会立刻凹陷。

脱模时，是否需要借助脱模刀?关于这一点，则全凭个人技巧，有人不用脱模刀，只用手剥，也可以完美脱模，这个技巧，我们在示范天使蛋糕时，会特别介绍。若没有脱模刀，一般奶油刀或牛排刀虽然也可以代替，但使用时要特别小心，因为奶油刀的刃面长度不够，可能会在脱模过程中把蛋糕压扁，而牛排刀则因为刃面过于锋利，恐有刮伤烤模之虞。

蛋糕端出烤箱后，是趁热脱模，还是放凉再脱模？

答｜全凉，连中心点都凉了才能脱模

蛋糕连同烤模，一定要放到连同中心点都凉透了，才能脱模。当蛋糕还微热的时候，代表内部还有水气没有完全散出，这时候硬拉出纸模或直接脱模，容易造成蛋糕体侧边凹陷。若使用的是活底烤模，脱模时，只需先用抹刀在模子边缘划一圈，一手抓住蛋糕模上下两侧，另一手则从蛋糕模下方，以掌心平贴烤模底部，往上托举，就可轻松取出蛋糕。

徒手脱模

待蛋糕完全放凉后，徒手轻按住蛋糕表面，沿着烤模边缘，把蛋糕往中心方向按压、剥离。

借助倒扣架

将倒扣架插入蛋糕中，直接将烤模倒扣放凉。

适用：蛋糕高度高于烤模高度

直接倒扣在网架上 OK

以倒扣方式，让蛋糕放凉、自然降温。

适用：蛋糕高度低于烤模高度

为什么有的蛋糕必须倒扣冷却？

答｜组织松软的蛋糕必须倒扣冷却，避免回缩或塌陷

蛋糕面糊泡气量高，组织较松软的蛋糕种类，例如戚风蛋糕、海绵蛋糕或波士顿派等，冷却时，一定要倒扣！因为这种类型的蛋糕，在刚烤熟时，体积会膨胀得比较大，组织的支撑力较差，若不借助倒扣这一动作，蛋糕体会因为支撑不住自己的重量，而从蛋糕正中央开始回缩、塌陷，导致蛋糕口感变差。

没有倒扣，蛋糕中央凹陷

戚风蛋糕出炉后，若没有在第一时间连同模具一起倒扣冷却，回缩或塌陷情况会很明显。

Q3 脱模一定要借助脱模刀吗?

答｜使用脱模刀，蛋糕外形一定是最漂亮的

对新手而言，准备一把脱模刀是必要的，这样才能确保脱模后的蛋糕外形完整无缺。挑选脱模刀时，应以顺手、手感舒适为原则。目前市售的脱模刀材质除了不锈钢之外，还有使用 PP 材质的，可直接和食品接触，表面也比较光滑。一般来说，装饰蛋糕时所使用的鲜奶油抹刀，也可以当成脱模刀使用。

90° 贴平壁面 OK

沿着模型边缘垂直插到底，刀面要平贴烤模，另一手则要慢慢转动烤模。

60° 斜插 NG

压到蛋糕上半部，且容易刮伤烤模。

120° 斜插 NG

刀部前端插到蛋糕体，取出来的蛋糕可能会有破损的情形。

Q4 如果没有冷却网架或蛋糕倒扣架怎么办?

答｜一定要准备，蛋糕外形和口感才会更完美

使用冷却网架或蛋糕倒扣架的目的，是为了拥有更好的通风效果，且避免蛋糕回缩。一般烤箱都会附赠 1 ~ 2 个烤网，其中 1 个就可以拿来当作冷却架使用。

在使用冷却网架时，工作台面一定要平整，而且在冷却网架底部与工作台面之间务必预留一定的高度，避免热气回渗，冷却及通风效果才会更好。

冷却网架是基本配备

一般烤箱都会附赠 1 ~ 2 个烤网，其中 1 个就可以拿来当作冷却架使用。

Point

烤模底部先铺防粘纸，有助脱模

如果没有活底烤模，其实影响不大。基本上，只要在固定式的烤模底部先铺上一层防粘纸（或烘焙专用纸），就可以避免底部粘黏了，脱模时也会更容易。

基础程序7

装饰

华丽指数提升，口感变化提升！

让朴素可口的手做蛋糕变身华丽的精品蛋糕，不是只有以鲜奶油霜为原料的挤花装饰，或以蛋白霜、糖霜组合而成的翻糖装饰而已。制作这些华丽外衣时，通常需要用到各式各样的花嘴和模型，而且需要特定的技巧和经验，才不容易失败。

考虑到本书是针对烘焙新手，所以在装饰技巧上会比较着重于入门的鲜奶油打发、鲜奶油调味、鲜奶油抹面；而在巧克力装饰部分，则仅针对巧克力甘纳许的基本制作与装饰技巧。一方面提升蛋糕的华丽指数，另一方面，也能增添蛋糕的风味，让味蕾的享受更具层次感！

但少了挤花和翻糖，蛋糕就变得逊色了吗？其实不然！利用现成的抹茶粉、巧克力粉，直接撒在鲜奶油蛋糕上，也是一种做法，讲究一点的，可以添购或自行裁剪出想要的糖粉筛纸板，一样可以在蛋糕上筛出十分别致的图样。另外，家中常备的饼干、巧克力球、巧克力片、棉花糖等，同样也能直接粘在鲜奶油上作为装饰。

还有一种最快速省事的方式，就是使用各式各样的食用级装饰糖粒、糖片、巧克力片、造型糖牌、转印贴纸，或缎带、花边、纸杯、纸盒等，只要懂得巧妙搭配，就能设计出属于自己的时尚蛋糕衣！

为什么用来装饰蛋糕表面的鲜奶油，常使用植物性鲜奶油？

答| **易于打发，乳霜稳定，挤花时的线条感比较明显**

如果有挤花或冷冻的需求，一定要使用植物性鲜奶油。打发后的植物性鲜奶油硬度较高，易于挤花造型，而且植物性鲜奶油的颜色也比动物性鲜奶油来得雪白。另一个优点是，植物性鲜奶油可以冷冻保存，使用前再解冻打发，或打发后再冷冻保存都可以，但动物性鲜奶油一旦冷冻，就会油水分离，打发后要尽快用完，无法长时间保存。

玫瑰花瓣

使用花瓣专用的挤花嘴，绕几圈就可完成玫瑰花的形状。

鲜奶油花

使用一般的星形挤花嘴，就可以挤出鲜奶油花。

装饰用的糖粉、抹茶粉或巧克力粉，一定要选防潮专用的吗？

答| **食用前再撒粉，就不必拘泥于防潮专用**

一般糖粉、抹茶粉或巧克力粉的用途较多，除了可以直接烘焙、加热、调味，也可当作装饰用粉，缺点是容易受潮而融化；防潮专用的糖粉、抹茶粉或巧克力粉，则多用于成品装饰，因其中含有玉米淀粉，故能延缓湿气黏附在蛋糕体上，入口时也会比一般糖粉的甜度稍低。若不想生食防潮粉类中的淀粉，或家里并没有防潮专用粉，只要食用前再撒粉就可以了。

一般糖粉

容易反潮的冷藏巧克力片或糖粉，可以在食用前再做装饰。

Q3 蛋糕上的镜面效果是怎么做出来的?

答| 淋酱中一定要加入吉利丁

除了市售现成的镜面果胶之外，在淋酱配方中加入吉利丁，趁着还是微温的状态，直接浇淋在冷藏过或冷冻过的蛋糕上，就可以做出镜面效果。

进行“淋面”这个动作时，淋酱的稠度及浇淋时的手势、高度也要注意。蛋糕表面温度越低、淋酱越稠，淋上去的镜面厚度会越厚；反之，蛋糕表面温度越高、淋酱越稀，镜面效果则越薄。

如果想预知淋酱的镜面效果，可以用汤勺背面沾一下淋酱，即可大略知道淋酱的温度、稠度和覆盖效果，如果淋酱的附着力很差，可能是淋酱的温度偏高，须继续降温；如果过于浓稠，就表示温度太低，可以通过隔水加热的方式，让淋酱稍稍升温。

镜面巧克力甘纳许淋酱

冷冻过的慕斯蛋糕，一接触到加了吉利丁的巧克力甘纳许淋酱，立刻凝结成诱人的黑亮镜面。

镜面莓果淋酱

想让莓果镜面的红色更艳丽，可以加入些许柠檬汁一起熬煮，再加入吉利丁，就是镜面莓果淋酱了。

Q4 想让鲜奶油蛋糕的装饰看起来更华丽，有什么取巧的办法吗?

答| 铺满水果丁、饼干、泡芙、软糖，再包覆围边纸、系上缎带!

担心鲜奶油蛋糕的抹面不够平整，挤花不够对称、漂亮? 其实只要先在蛋糕上涂满一层鲜奶油，再利用新鲜水果丁，或是饼干、泡芙、巧克力球、软糖等甜点，也能堆砌、拼贴出华丽感十足的蛋糕外衣。

蛋糕围边也可以采用类似的取巧方式，拼贴马卡龙、饼干，或包覆围边纸、系上缎带等，轻轻松松就能完成鲜奶油蛋糕装饰

表面铺满水果丁

即使只是随意切出来的水果丁，只要铺得够多、够满，看起来就很华丽。

侧面以马卡龙围边

将色泽鲜艳的马卡龙拼贴在蛋糕周围，就能让洁白的天使蛋糕增色不少。

Sweet dessert

Chapter 3

Perfect Cake

这样做不失败！

超完美蛋糕制作

做蛋糕时，看似要注意的细节和步骤不少，但其实也没想象中困难。只要学会每一种蛋糕面糊的基本制作原理，接下来就可以依据个人口味偏好，变化出各式各样的可口蛋糕，甚至透过简单的装饰技巧，让亲手制作的蛋糕色、香、味绝对独一无二！

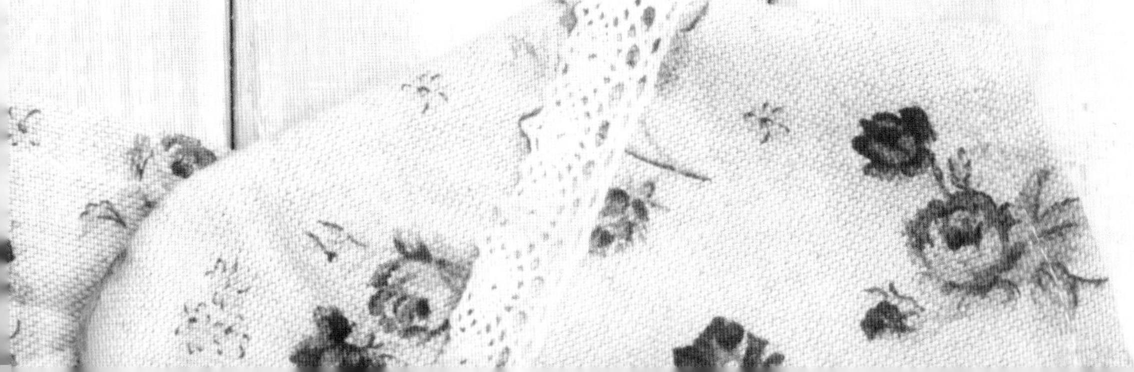

原味磅蛋糕

Pound Cake

香 气 浓 郁 、 口 感 湿 润 的 重 奶 油 蛋 糕

材料

无盐奶油	100g	牛奶	30g
细砂糖	100g	低筋面粉	135g
细杏仁粉	25g	无铝泡打粉	3g
全蛋	80g		

参考数据

烘烤时间	35 分钟
烘焙温度	上火 190℃ 下火 200℃

模具：长方形烤模（中型以上）

准备工作

1

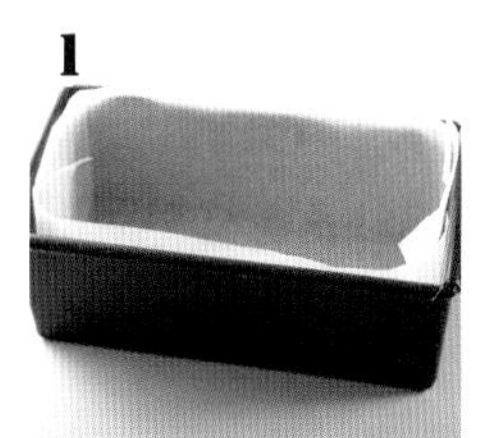

❶ 准备 1 个长方形烤模，并事先铺上烘焙纸。可事先在盒身抹点奶油，让烘焙纸与烤模紧密贴合。

2

❷ 过筛低筋面粉、细杏仁粉、无铝泡打粉。

完美步骤

1

将无盐奶油放置室温回软，与细砂糖一起放入搅拌盆。

2

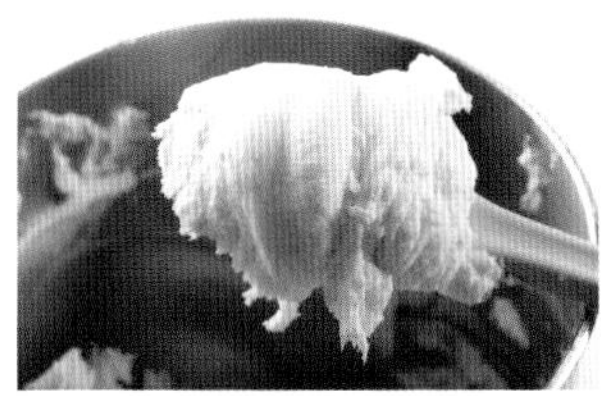

将无盐奶油与细砂糖，用搅拌器以中快速搅打至呈现泛白、蓬松、完全没有砂糖粒残留的状态。

3

以中慢速逐次加入鸡蛋、牛奶，每一次都要确实搅拌均匀，才能再继续加入。

4

完成后的鸡蛋奶油霜，会变得比较稀软，但不能有油脂分离的状态。

5

将过筛后的粉类，分 2 ~ 3 次加入奶油霜中，以慢速搅拌均匀。

6

拌入粉类时，要搅拌均匀，不能残留粉粒，但也不能搅拌过度，以免面糊出筋。

Start

7

将完成后的蛋糕面糊舀入烤模内。

8

将烤模拿起轻敲桌面，震出蛋糕面糊中的多余空气。

9

用刮刀整平蛋糕面糊表面，放入预热完成的烤箱烘烤。

Point

鸡蛋要先打散吗?

鸡蛋打散后分次加入，与一颗一颗的全蛋分次加入，对奶油霜的影响并不大，关键在于是否拌匀，也就是蛋液是否完全溶进奶油霜里。对新手而言，建议将鸡蛋打散，分成 3 ~ 4 次加入奶油霜中，操作上会比直接混合全蛋容易些。

难以抵挡的奶香味 磅蛋糕

磅蛋糕（Pound cake），源自美国南部，开始命名的意思是指配方皆1磅，也就是奶油、蛋、糖、面粉主要食材都是以1∶1的比例制作。磅蛋糕带有浓郁的奶香与扎实的口感，是令人无法抗拒的美味！

磅蛋糕陆续传入世界各国后，因饮食习惯的不同，造就出各种风味的磅蛋糕，完全不需要任何装饰，最单纯的奶香味，让人回味无穷！

咖啡蛋糕

光 是 闻 到 咖 啡 香 气 ， 就 让 人 精 神 为 之 一 振

材料

A. 蛋糕面糊

无盐奶油……100g
细砂糖……100g
细杏仁粉……25g
全蛋……80g
牛奶……30g
低筋面粉……135g
无铝泡打粉……3g

B. 咖啡液

速溶咖啡粉……7g
热开水……5g

参考数据

烘烤时间	35 分钟
烘焙温度	上火 190℃ 下火 200℃

模具：花形甜甜圈连模

准备工作

1

2

❶ 在速溶咖啡粉里加入热开水。

❷ 让咖啡粉充分溶解于热开水里，放凉后备用。

完美步骤

1

2

3

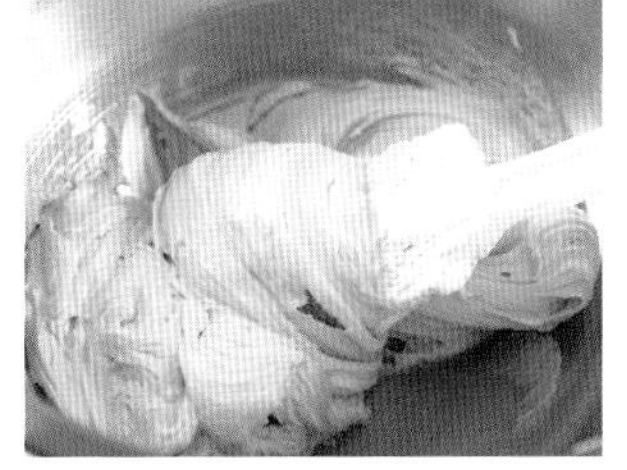

4

5

从原味磅蛋糕做法 6 开始

❶ 在蛋糕面糊里倒入已经放凉的咖啡液。

❷ 用刮刀以切拌方式，将咖啡液与蛋糕面糊充分拌匀。

❸ 重复切拌动作，直到所有咖啡液与蛋糕面糊混合均匀。

❹ 将咖啡蛋糕面糊装入挤花袋内，并挤入模型里。

❺ 将模型举高，往桌面敲震出蛋糕面糊中的大气泡，再放进烤箱。

切勿使用二合一或三合一咖啡粉

请使用无糖无奶的速溶咖啡粉或机器冲泡的意式浓缩咖啡、美式咖啡等黑咖啡来制作咖啡液，不建议使用二合一或三合一咖啡粉，因为里面含有糖、奶粉、淀粉，容易影响蛋糕面糊的完美比例。另外，制作咖啡液时，必须以热水冲泡，完全放凉后，才能拌入蛋糕面糊里，若直接把速溶咖啡粉倒入面糊里，比较不易拌匀，烤出来的咖啡蛋糕可能会有颗粒感或色泽不均的情况。

大理石蛋糕

黑 白 交 织 的 美 丽 纹 路 ， 切 开 瞬 间 ， 总 让 人 惊 艳

材料

A. 蛋糕面糊
无盐奶油……………………100g
细砂糖………………………100g
细杏仁粉……………………25g
全蛋…………………………80g
牛奶…………………………30g
低筋面粉……………………135g
无铝泡打粉…………………3g
B. 巧克力面糊
苦甜巧克力…………………50g

参考数据

烘烤时间	35 分钟
烘焙温度	上火 190℃ 下火 200℃

模具：三角形烤模

准备工作

❶ 将苦甜巧克力以隔水加热方式熔化成浓稠的液状。

❷ 将放凉后的巧克力酱与1/3的原味蛋糕面糊拌匀，做成巧克力蛋糕面糊，并装入挤花袋备用。

完美步骤

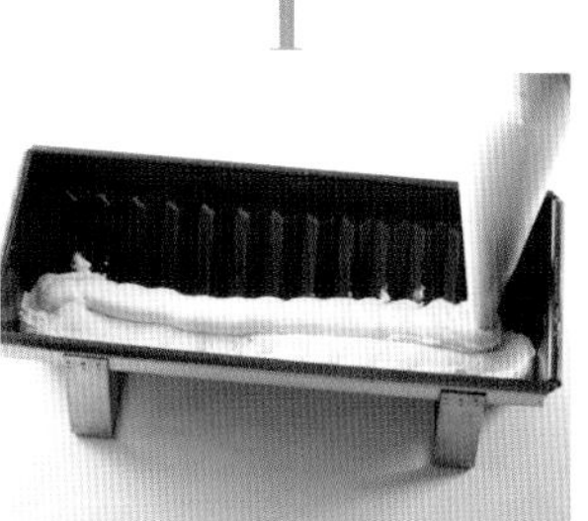

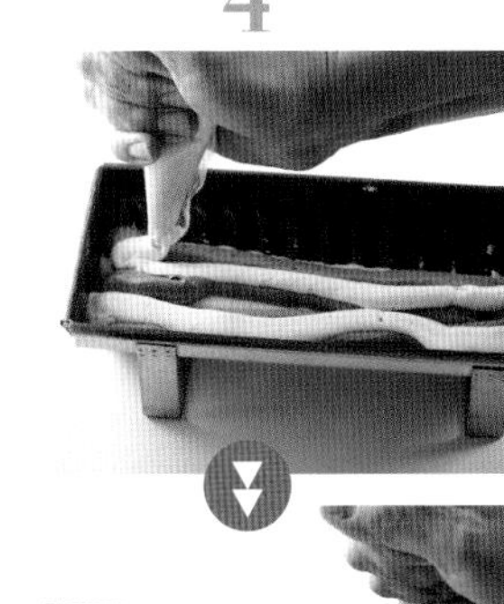

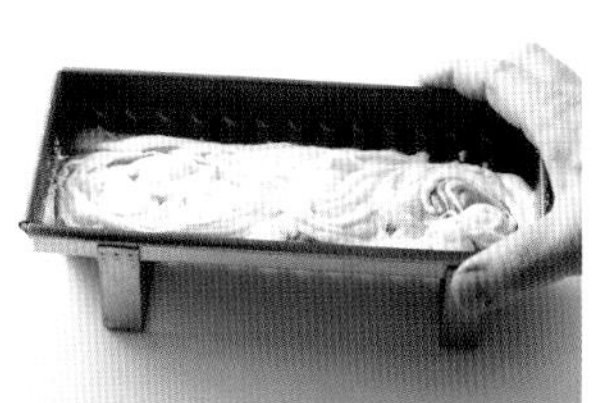

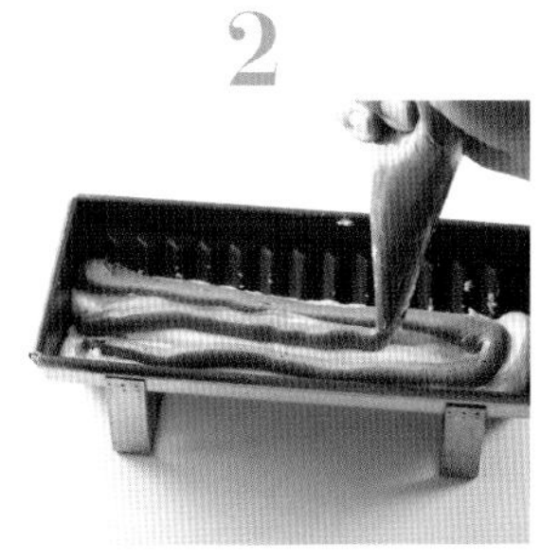

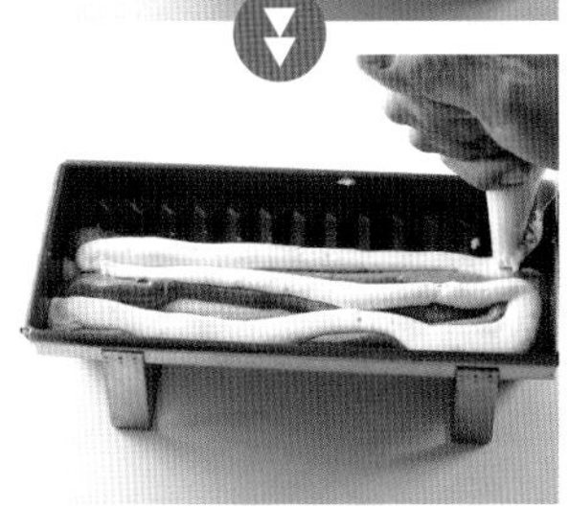

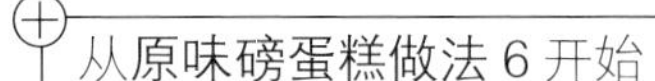

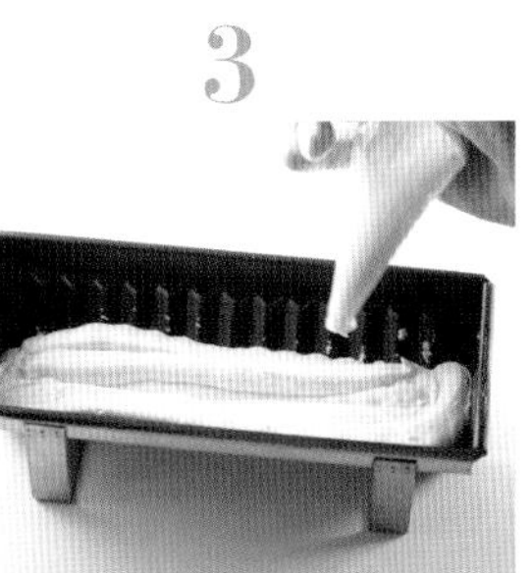

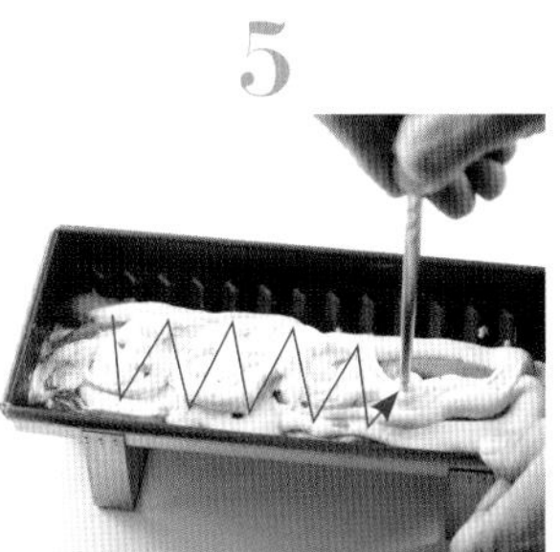

从原味磅蛋糕做法6开始

❶ 将2/3的原味蛋糕面糊装入挤花袋中，再把蛋糕面糊挤进模型里。

❷ 在原味蛋糕面糊上挤入一层巧克力蛋糕面糊。

❸ 再叠上一层厚厚的原味蛋糕面糊。

❹ 以交叉重叠的方式，分别挤入原味蛋糕面糊和巧克力蛋糕面糊。

❺ 取一根干净的筷子，直插入烤模底部，由前往后，以Z字体或螺旋状画法勾勒出大理石纹。

❻ 将模型举高，往桌面敲震出蛋糕面糊中的大气泡，再放进烤箱。

Point

没有苦甜巧克力时怎么办?

可以用100%纯可可粉取代，先将原味蛋糕面糊区分为两部分，一部分拌入低筋面粉，做成原味蛋糕面糊；另一部分则拌入过筛后的可可粉与低筋面粉（可可粉与低筋面粉的比例为1：4），做成巧克力面糊。

Q&A 常见的问题与解答

Q1 加了泡打粉的磅蛋糕，为什么会在烘烤时先膨后塌？

答 无盐奶油和砂糖打发不良或配方比例不对

磅蛋糕是靠无盐奶油和糖的完美打发来决定蛋糕面糊的膨胀效果。所以糖要越细越好，若使用糖粉会比使用细砂糖的打发速度再快些，而无盐奶油必须在软化而非熔化的状态。另外，配方比例不平衡也可能是原因之一。面粉比例少，蛋糕面糊太干或太湿，也会让蛋糕在烘烤时膨不起来。

另一个烘焙新手最容易犯错的地方，是放蛋糕进烤箱时，烤箱门打开时间太久，关上之后温度回升还不够时，就又打开烤箱门观察蛋糕状态，造成烤箱温度不足，让蛋糕无法顺利膨胀。

蛋糕表面下陷 

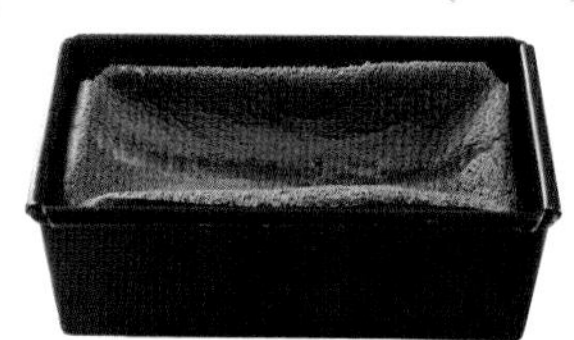

磅蛋糕虽然在出炉后会回缩一些，但若出现快速塌陷的情况，可能是油糖打发不良。

解决方法

掌握好配方的平衡。确保油糖的打发程度足够；蛋糕进烤箱后的前 10 ~ 12 分钟，不要打开烤箱门。

Q2 为什么会出现不规则的气孔或直下的孔穴？

答 蛋糕面糊里残留太多大分子的气体

关键在于蛋糕面糊组织没打发好，当磅蛋糕的面粉含量超过 60% 时，因为需要借助泡打粉来帮助蛋糕膨胀，所以容易让面糊里空气分子膨胀得更大，尤其是使用电动搅拌器时，最后一个步骤一定要降回慢速，也就是高速打发完之后必须降回中低速，搅打 30 ~ 60 秒，把组织气孔打得更细致，出炉后的蛋糕成品就会很完美。

如果出现直下孔穴，则可能是油水分离所造成，尤其是磅蛋糕，鸡蛋、面粉都要分次加入，确保蛋糕面糊呈现完美的乳霜状态。

气孔细致 

使用电动搅拌器时，以高速打发完成后，立刻降回中低速，搅打 30 ~ 60 秒，可以把组织气孔打得更细致。

直下孔穴 

鸡蛋的蛋黄富含油脂，而蛋白又饱含水分，若一次全加入面糊，很容易造成面糊油水分离。

Q3 为什么大理石纹路不明显了，变成巧克力蛋糕?

答 画 Z 字的动作要一气呵成

一般来说，若以苦甜巧克力酱做成的磅蛋糕面糊，油脂比重会比较重，容易往下沉，再加上巧克力酱如果没有事先做好，造成调制面糊耗时太久，容易让蛋糕面糊消泡、变稀，这时候，就算一开始的面糊是层次分明、花纹明显的状态，经过高温加热后，也会糊在一起，造成大理石纹路不明显或直接变成巧克力蛋糕。

双色面糊该怎么挤？首先，在挤面糊时就可以采用条状式挤法，并以交错相叠的方式，做出面糊的层次感、线条感。再来就是画 Z 字的动作要一气呵成，不要来回反复地勾画，因为借助筷子勾画面糊虽然可以做出螺旋般的线条，但也可能因为勾画动作太频繁而让面糊消泡，造成面糊失去支撑力。

条状挤法 + 交错相叠

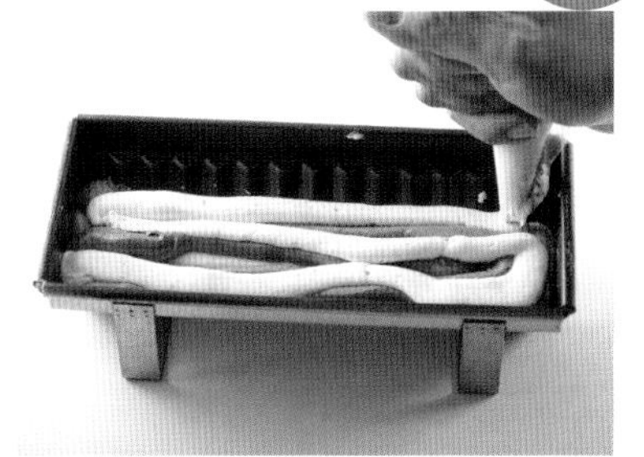

一开始就把双色面糊的层次感挤出来，出炉后的大理石纹会更明显。

膨度较高、纹路明显 OK

当巧克力蛋糕面糊与原味蛋糕面糊的比例是 1∶1，蛋糕切面的大理石纹路清晰，蛋糕组织是蓬松、细致的。

面糊消泡、没有层次 NG

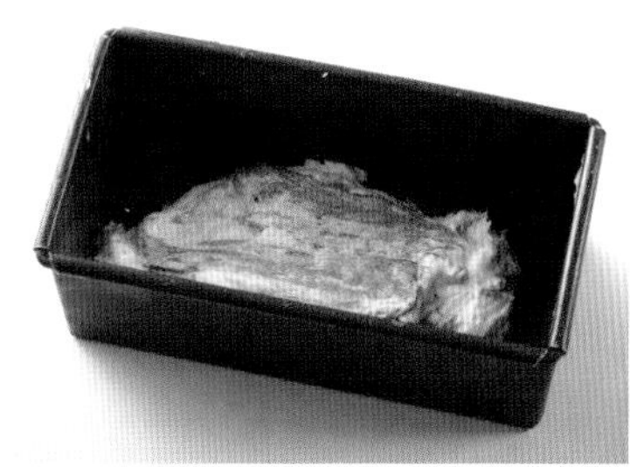

蛋糕面糊搅拌过度，或在室温下闲置太久，面糊容易消泡、变稀。

蛋糕扁矮、没有蓬松感 NG

进烤箱前后的蛋糕体积变化不大，膨胀不完全，蛋糕切面组织扎实，气孔呈扁长形。

Q4 为什么蛋糕内部组织不平均，粗糙，隐约看得到粉粒?

答 粉类没有过筛，或拌入面粉时搅拌不均匀

低筋面粉、泡打粉或调味用的可可粉、抹茶粉、杏仁粉，一定要过筛。拌入面粉时，搅拌不均匀，或因搅拌过程中出现结粒的情况，也会让烤出来的磅蛋糕口感粗糙、不一致。尤其是盆边或盆底的面粉，务必利用刮刀将面粉刮入面糊中，充分拌匀。

不过，也不能搅拌过度，因为蛋糕面糊出筋后，反而会变稀，造成油水分离，让吸饱油分和糖分的面粉变重而沉底。

浓滑绵细的质地

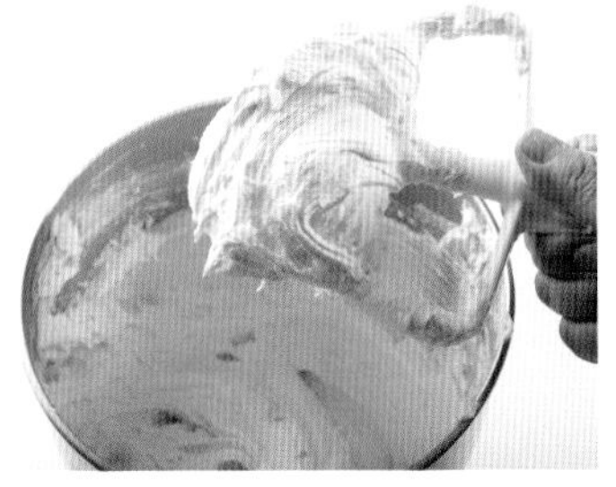

打发完全的磅蛋糕面糊，质地浓稠，完全没有面粉残留。

面粉结块、没拌匀

盆边和盆底的面粉，没有刮入面糊里搅拌。

解决方法

继续搅拌。可借助刮刀让结块的面粉化开，帮助残留面粉完全融入面糊里。

切面不会太干或太湿 OK

膨胀完全的磅蛋糕，切下去的瞬间是有点扎实却不会塌陷的滑润质地。

切面粗糙、有粉感

切面可以看到白色的结块粉粒，且组织粗糙，有些地方太湿，有些则太干。

Q5 为什么使用烘焙纸来烤磅蛋糕，边缘很容易内缩变形?

答 面糊的重量，会把烘焙纸往下拉

烘焙纸是一种防粘材质做成的耐高温纸张，可以让原本容易粘黏蛋糕面糊的阳极烤模拥有不粘的效果。正确的做法应该是，依据烤模尺寸裁剪出完美接合的纸型，并先在烤模内部涂抹上一层薄薄的无盐奶油，之后才将剪好的烘焙纸铺入烤模内，这样可使烘焙纸和烤模紧密贴合。

若一开始忘记涂抹奶油增加附着力，再加上烘焙纸高度高于烤模高度时，一旦在烤模里填入蛋糕面糊之后，面糊重量会把上方纸张往下拉扯，让出炉后的蛋糕看起来内缩、变形。此外，烘焙纸如果竖立得太高，容易在进出烤箱时，碰触到上方加热管，被引燃而起火。

烘焙纸高度高于烤模高度

NG

烘焙纸高度超过烤模高度太多，填入面糊后，重量会把上方纸张往下拉，让出炉后的蛋糕看起来内缩、变形。

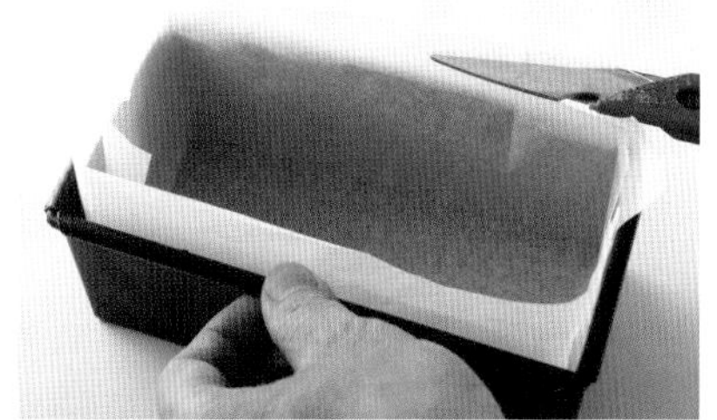

用剪刀沿着烤模边缘修齐，并在烤模内部涂上一层薄薄的无盐奶油，让烘焙纸更紧密附着于烤模。

原味玛芬
Muffin

松 软 绵 密 的 甜 香 滋 味 ， 一 次 一 杯 ， 分 量 刚 好

材料

无盐奶油	100g	低筋面粉	80g
细砂糖	100g	牛奶	100g
全蛋	100g	无铝泡打粉	4g

参考数据

烘烤时间	25 分钟
烘焙温度	上火 180℃ 下火 180℃

模具：蛋糕纸杯

完美步骤

1

将无盐奶油放置室温回软，与细砂糖一起放入搅拌盆。

2

将无盐奶油与细砂糖，用搅拌器搅打至呈泛白、蓬松、完全没有砂糖粒残留的状态。

3

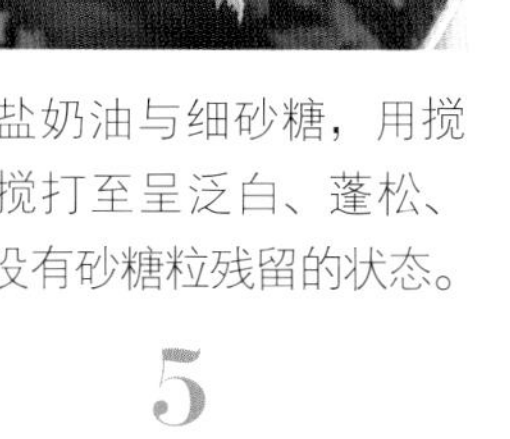

逐次加入鸡蛋，每一次都要确实搅拌均匀之后，才能再继续加入。

这样做不失败！超完美蛋糕制作

4

完成后的鸡蛋奶油霜，会变得比较稀软，但不能有油水分离的状态。

5

低筋面粉和泡打粉，一同放入筛网中过筛。

6

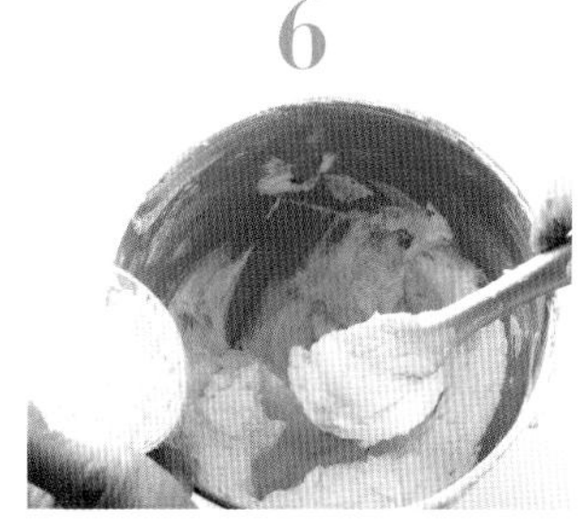

将过筛后的粉类、牛奶，以交替方式，分 2 ~ 3 次加入奶油霜中搅拌均匀。

7

若用电动搅拌器，要在打发完成后，降回中低速搅拌 30 ~ 60 秒，去除较大气泡。

8

盆边和盆底都不能残留粉粒，但也不能搅拌过度，以免面糊出筋。

9

撑开挤花袋袋口，开口要朝着掌心内侧（可用透明塑料袋取代）。

Start

10

以刮刀将蛋糕面糊填入挤花袋内。

11

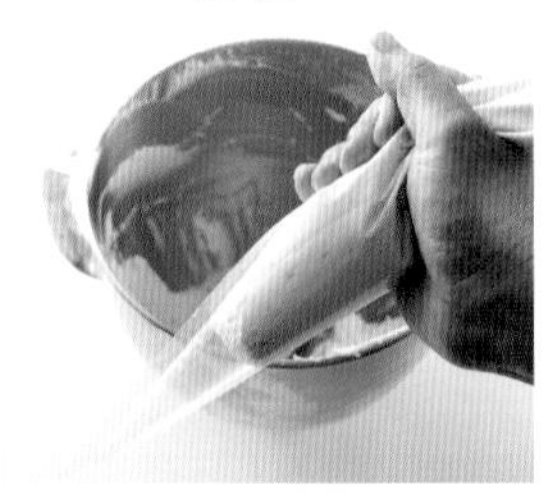

挤花袋不能一次装满，要预留底部 5 ~ 6 cm 的空隙，顶部则以虎口握住时不会溢流出面糊为基准。

12

以剪刀在挤花袋底部剪出所需的洞口大小。

13

以画同心圆的方式，将蛋糕面糊挤进纸杯模型里，装填高度约七八分满。

14

将纸杯模型拿起轻敲桌面，震出蛋糕面糊中的多余空气。

15

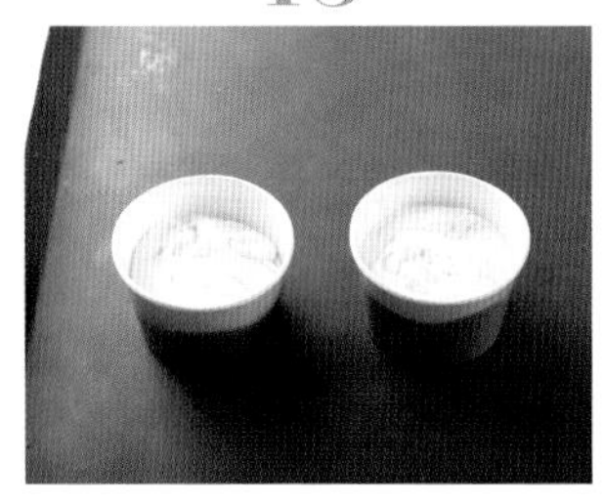

放入预热完成的烤箱烘烤。在放凉的玛芬蛋糕上，挤入已打发的鲜奶油，再以新鲜樱桃、薄荷和装饰用糖粒、果酱小胶囊点缀即可。

Point

为什么要用挤花袋来装填玛芬蛋糕面糊?

装填玛芬蛋糕面糊时，不管是使用汤匙或刮刀，黏黏的面糊都会黏附在工具上，为了让成品外形好看、高度一致，使用挤花袋会比使用汤匙或刮刀更为精确且缩短充填面糊的时间。

新手入门必学的
甜点之一
玛芬蛋糕

玛芬蛋糕是新手必学的入门蛋糕之一，制作的成功概率比较高。小小的蛋糕在很多场合都能派上用场，也非常适合当下午茶甜点。

填充面糊只要装约六七分满，烘烤后再进行鲜奶油或翻糖等装饰，变化更多！

抹茶玛芬

颜色清新、茶香浓郁，时尚的京都风情

材料

材料	用量
无盐奶油	100g
细砂糖	100g
低筋面粉	75g
抹茶粉	5g
全蛋	100g
牛奶	100g
无铝泡打粉	4g

项目	数据
烘烤时间	25 分钟
烘焙温度	上火 180℃ 下火 180℃

模具：蛋糕纸杯

完美步骤

1

2

3

4

5

6

7

从原味玛芬做法 4 开始

❶ 把低筋面粉、抹茶粉和泡打粉，一同放入筛网中过筛。

❷ 将过筛后的粉类、牛奶，以交替方式，分 2 ~ 3 次加入奶油霜中搅拌均匀。

❸ 拌入粉类时，要搅拌均匀，若使用电动搅拌器，必须在打发完成后，降回中低速搅拌 30 ~ 60 秒，去除较大的气泡。

❹ 将抹茶蛋糕面糊填入挤花袋内。

❺ 以画同心圆的方式，将抹茶蛋糕面糊挤进纸杯模型里，装填高度七八分满。

❻ 将烤模拿起轻敲桌面，震出蛋糕面糊中的多余空气。

❼ 放入预热完成的烤箱烘烤。玛芬蛋糕放凉后，以点状方式挤入已打发的鲜奶油，再装饰些许棉花糖、糖片即可。

可以把抹茶粉先溶开，再加入面糊里吗?

不可以。因为抹茶粉的粉质很细，和低筋面粉、泡打粉一起过筛，再拌入奶油霜里，可以省去多次搅拌的动作，减少蛋糕面糊因为搅拌过度或突然加入水性液体而出现消泡、变稀的情况。

熔岩巧克力玛芬

一口咬下，香滑浓郁的巧克力内馅奔涌而出

材料

A. 巧克力玛芬面糊

无盐奶油……………………100g
细砂糖……………………100g
低筋面粉……………………80g
全蛋……………………100g
牛奶……………………100g
无铝泡打粉……………………4g

B. 熔岩巧克力酱

55% 纽扣巧克力……………约 15g

参考数据

烘烤时间	25 分钟
烘焙温度	上火 180℃ 下火 180℃

模具：蛋糕纸杯

准备工作

将 55% 纽扣巧克力以隔水加热方式熔化成浓稠的液状，放凉备用。

1

4

2

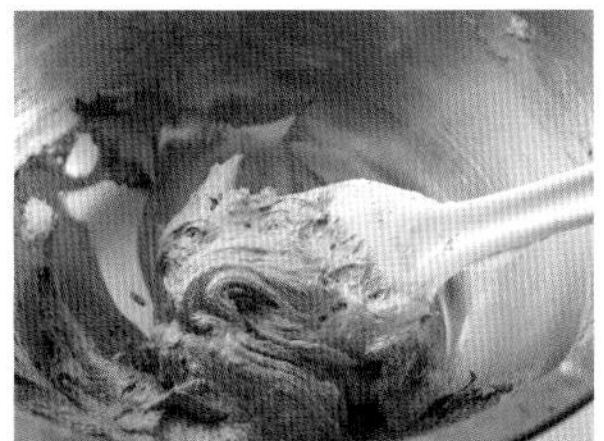

5

3

6

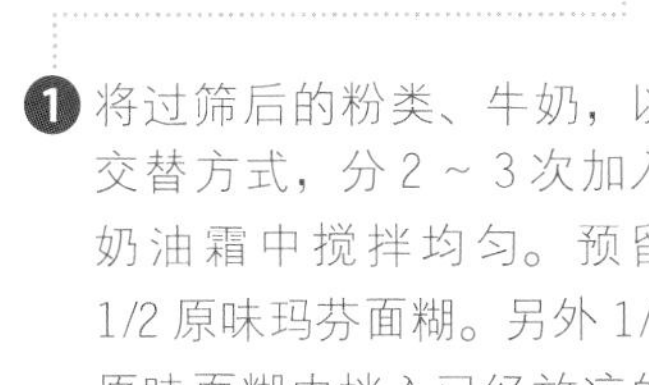

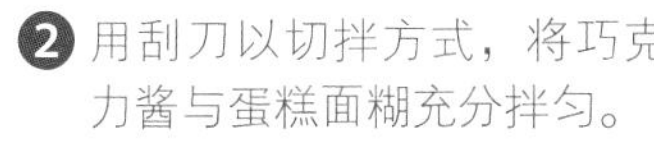

从原味玛芬做法 4 开始

1. 将过筛后的粉类、牛奶，以交替方式，分 2 ~ 3 次加入奶油霜中搅拌均匀。预留 1/2 原味玛芬面糊。另外 1/2 原味面糊内拌入已经放凉的纽扣巧克力酱 10g。
2. 用刮刀以切拌方式，将巧克力酱与蛋糕面糊充分拌匀。
3. 将巧克力玛芬面糊填入挤花袋内，以画同心圆的方式，将面糊挤入杯内约 1/3 高度。
4. 于蛋糕面糊中央舀入适量的熔岩巧克力酱。
5. 再将做法 1 预留的原味玛芬面糊挤入杯内至七分满。
6. 将烤模拿起轻敲桌面，震出蛋糕面糊中的多余空气。放入预热完成的烤箱烘烤。出炉放凉后，再装饰适量的巧克力奶油即可。

熔岩巧克力馅的充填技巧

充填时要特别注意，熔岩巧克力馅一定要完整包覆在蛋糕面糊里，不能直接接触到纸杯，否则出炉后的巧克力馅会全部附着在蛋糕侧面和底部。如果只有 70% 以上的巧克力，最好加点牛奶稀释，因为巧克力脂的比例越高，制作时越容易出现油水分离，而且也越不会流动。

Q&A 常见的问题与解答

Q1 为什么玛芬膨胀过头，外形像核弹爆开的蕈状云?

答 泡打粉加太多或入模时填充太满

装填面糊时高度要一致，每个蛋糕的外形才会整齐、漂亮；若超过八分满，烘烤过程中就会出现像核弹爆开的蕈状云玛芬，或像火山喷发后的面糊，沿着杯身溢流四处。另一个造成失败情况的主因就是泡打粉加太多。

面糊类蛋糕的油、糖比例含量较高，当面糊开始受热膨胀而杯子上层的外皮还没有定型时，加了太多泡打粉的面糊会过度膨胀，把过多的面糊往上撑起，这时面糊就会像蕈状云般炸裂开来，而无法形成漂亮的圆顶状。此外，膨发过度的玛芬，在口感上也会大打折扣，因为杯子里的面糊分量变少，烘烤时间相对过久，玛芬就会变得又干又硬。

漂亮圆顶 

面糊溢流 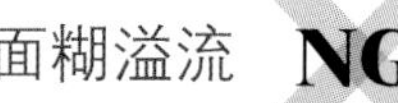

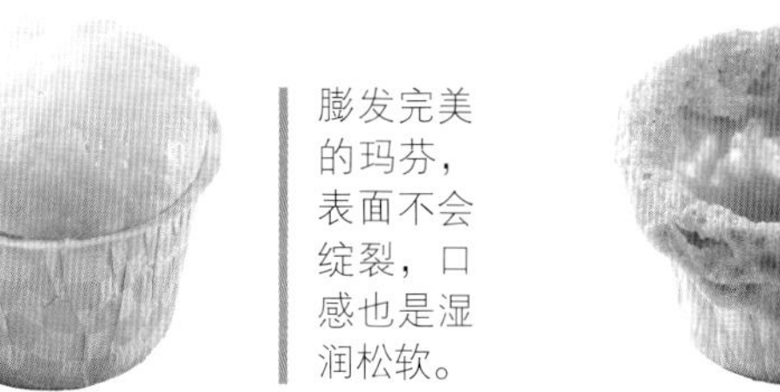

膨发完美的玛芬，表面不会绽裂，口感也是湿润松软。

泡打粉添加太多，蛋糕面糊膨发过度，玛芬变得又干又硬。

Q2 玛芬外表结硬痂，中心点的口感又干又硬怎么办?

答 上、下火都太强

代表烤箱的上、下火都高于理想烤温，尤其是下火升温过快时，更会导致面糊像火山爆发般溢流出烤杯外围，建议下次可将烤温调降10℃左右，再试试看。

初次使用新烤箱或尝试玛芬食谱时，应时不时从烤箱门外关注玛芬烘烤的状况，避免烤温失控或因泡打粉比例错误，而出现宛如火山爆发般的灾后惨况。

另外，烤盘上的玛芬烤杯大小要一致且排列整齐；一般家用烤箱，通常越靠近烤箱内侧，烤温会越高，导致排放在烤箱内部的玛芬上色较快，建议烤至 18 分钟左右时，若发现玛芬已经膨胀至理想高度，但前后排的烤色却明显不均匀，可将烤盘前后方向互换再继续烤，以免后排玛芬烤得太过焦黑。

外层结痂 NG

上、下火的烤温太高，会导致玛芬外层四周结痂硬化。

Q3 为什么玛芬表层没有上色，蛋糕上半部没熟，但侧面裂开，呈开口笑状态?

答 下火温度太高，上火温度太低

每台烤箱都有温差，如果你没有烤箱温度计辅助，却在烤至约 22 分钟左右时，发现面糊虽然膨胀了，但却迟迟没有上色，这时可以拿支竹签插至玛芬中心点，若竹签上有明显粘黏的面糊，就代表还没熟，而且上火烤温明显不足，可以将上火调高 10℃，下火调降 10℃，再烤 3 ~ 5 分钟看看。

如果竹签上只有一点点粘黏的面糊，但玛芬侧面却已经裂开，就代表快熟透了，只要将烤盘往上挪一层，让玛芬距离上火近一些，就可以快速上色!

表面没有上色 NG

没有上色代表烤温不足，这时要从玛芬是否烤熟来决定后续烤温及烘熟时间。

Q4 熔岩巧克力玛芬，为什么成品完全没有熔岩状?

答 使用巧克力砖或巧克力酱，或巧克力的熔点太低

熔点适中的巧克力酱，切开后才能保有缓缓流出、细致绵滑的浓稠感。本食谱是使用面糊类蛋糕的做法来做熔岩巧克力蛋糕，虽然成品比较不容易塌陷，但若选错巧克力，还是无法做出完美的熔岩效果。

失败原因有两个：一是直接使用高纯度的巧克力砖，可可脂含量越高，熔点就越高，所以使用 70% 以上的高纯度巧克力砖时，不易在室温下顺利产生熔岩效果；若使用一般巧克力酱，则会直接沉底。第二个原因是使用熔点太低的巧克力，因为不耐高温，巧克力酱在烘焙过程中容易熔化在面糊里，让出炉后的玛芬，原本该是熔岩的位置，变成巧克力粒的状态。

爆浆巧克力 OK

切开玛芬后，巧克力酱的浓稠度十分完美，如甘纳许般拥有光洁如镜的细腻质地。

巧克力集结成坨 NG

巧克力酱的熔点太高，常温下食用不会有爆浆感。

可丽露

Le Canelé

外层有着焦糖色的微酥口感，内层则是滑顺 Q 软

材料

牛奶	165g	细砂糖	180g
无盐奶油	15g	朗姆酒	15g
全蛋	15g	低筋面粉	45g
蛋黄	25g	香草籽	适量

参考数据

烘烤时间	50 分钟
烘焙温度	上火 200℃ 下火 250℃

模具：红铜制可丽露烤模

完美步骤

1

准备一个小汤锅，将牛奶和无盐奶油、香草籽以中火加热至 70℃，熄火备用。

2

搅拌盆内放入过筛后的面粉。

3

加入细砂糖（或糖粉），以刮刀混合拌匀。这个动作，可以让后续加入液体时，比较不会结块。

4

将全蛋、蛋黄打散，直接倒入面粉中。

5

倒入 1/4 ~ 1/5 的香草牛奶液。

6

以搅拌器轻轻拌匀面糊，不必至糖全部溶化。

7

拌匀至无粉状态，过程中可搭配刮刀，辅助拌匀。

8

分 2 次倒入剩下的香草牛奶液拌匀。

9

加入朗姆酒。

10

准备一个干净的锅及滤网，过筛面糊，滤掉残留的结块面粉。

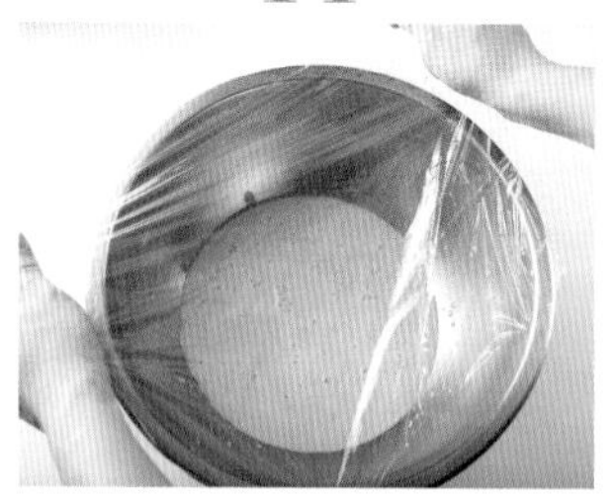

盖上保鲜膜，保鲜膜长度应预留为搅拌盆宽度的 2 倍以上。

12

将保鲜膜直接贴覆在面糊上，放入冰箱冷藏 2 ~ 3 天。

13

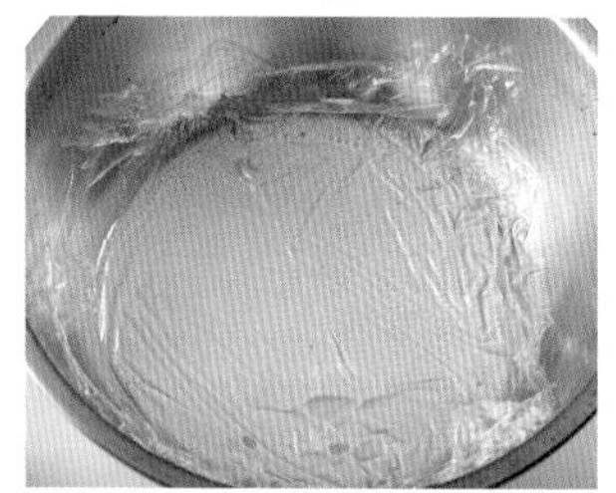

刚从冰箱取出面糊时，会发现保鲜膜上布满着细细小小的气泡。

14

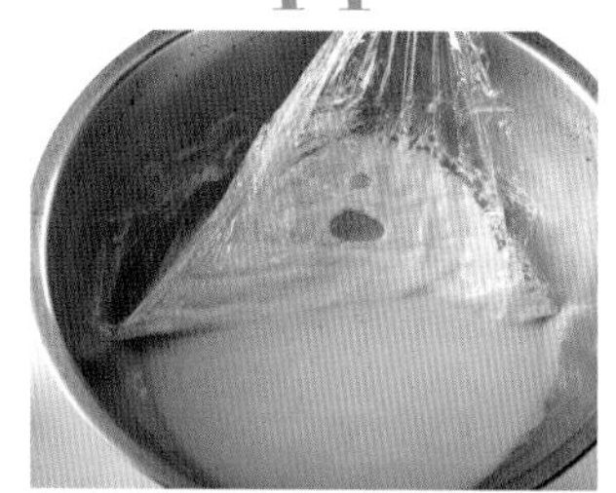

慢慢撕开保鲜膜，并带走浮在面糊上的小气泡。

15

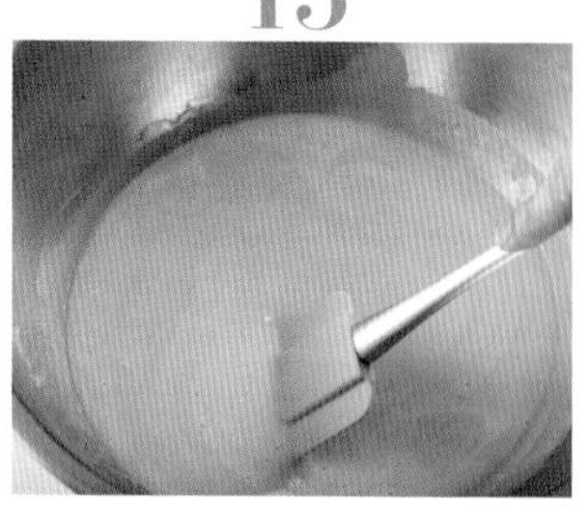

用刮刀轻轻搅动面糊几下，确认面糊完全没有沉淀。

16

可丽露烤模内喷上一层烤盘专用油（可用熔化的奶油或蜂蜡，以涂刷方式取代）。

17

将面糊移入有尖嘴的量杯中，注入模型至八分满。静置半小时后，再放入预热完成的旋风烤箱，若无旋风烤箱，前 8 分钟可在烤箱门夹块抹布，避免升温太快。

18

盘面掉头之后，可关门烤至熟透。过程中只要发现面糊突出烤模约 1cm 高，就可拿出来敲震至平模后，再放回烤箱中续烤。

TIPS

取出敲震的时间，不包含在 50 分钟之内。

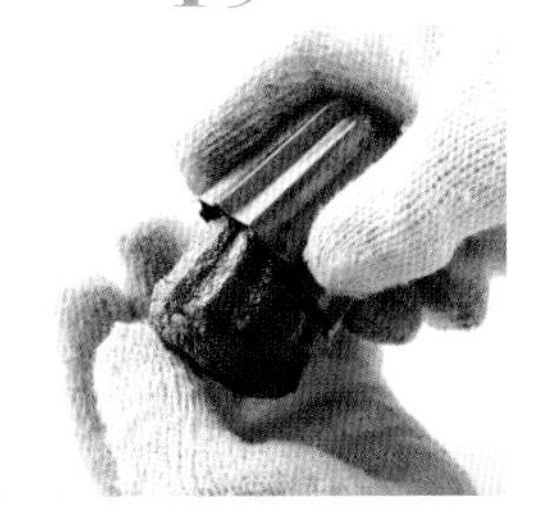

出炉后，立刻离开烤盘，因为可丽露的外层已烤至定型，可立刻取出倒扣在网架上。

若真的倒不出来，就轻敲烤模帮助脱模，或放至微凉再取出，大部分可丽露会因冷缩而轻易脱模。

Point

面糊要冰镇过，烤制过程必须技巧性敲震

将可丽露面糊放入冰箱冷藏后再使用，目的是让面糊充分糊化、降低面糊的筋性，至少要冰镇 24 小时。烤制过程中，面糊会开始膨胀，下火的温度及热气会把面糊推高，高出烤模 1cm 左右时，可取出烤模，一个一个敲震，让面糊回到平模高度，顺便调整烤模位置（因家用烤箱火力不均，大概每 15 分钟可前后对调烤盘位置）。至少要敲震 3 次左右，过程中若发现表面上色太快，可用铝箔纸覆盖，再继续烘烤，自行微调烤箱温度与上色程度。

柠檬玛德琳

Madeleine

经 典 贝 壳 造 型 ， 让 人 爱 不 释 手 的 松 软 与 香 甜

材料

焦化奶油（榛果奶油）... 50g
蜂蜜 18g
全蛋 70g
细砂糖 50g
低筋面粉 50g
杏仁粉 16g
无铝泡打粉......................2g
柠檬皮细末.................... 适量

参考数据

烘烤时间	18 分钟
烘焙温度	上火 180℃ 下火 250℃

模具：玛德琳烤模

完美步骤

1. 在搅拌盆中放入杏仁粉、泡打粉、低筋面粉、细砂糖。
2. 将做法 1 先以搅拌器混合拌匀。
3. 加入鸡蛋液。
4. 加入蜂蜜。
5. 用搅拌器拌匀至无粉状态，过程中可搭配刮刀，辅助拌匀。
6. 分 2 次加入焦化奶油。
7. 将面糊搅拌均匀即可，勿过度搅拌，否则烤出来的玛德琳口感会偏硬。
8. 面糊内加入刨细的柠檬皮细末。
9. 确认面糊没有油水分离的状态，放入冰箱冷藏 12 小时以上。

完美步骤

Start

9

12

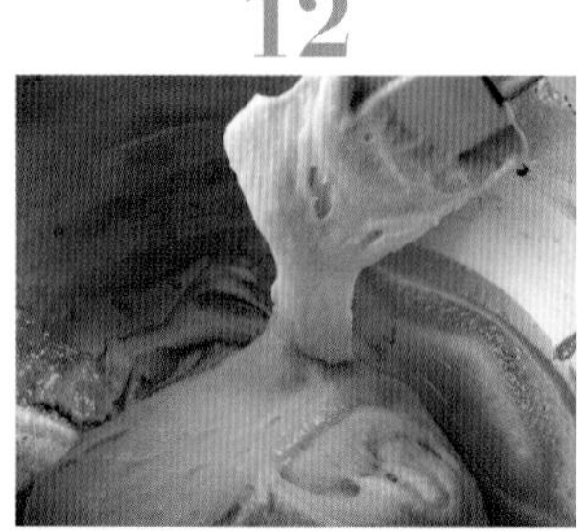

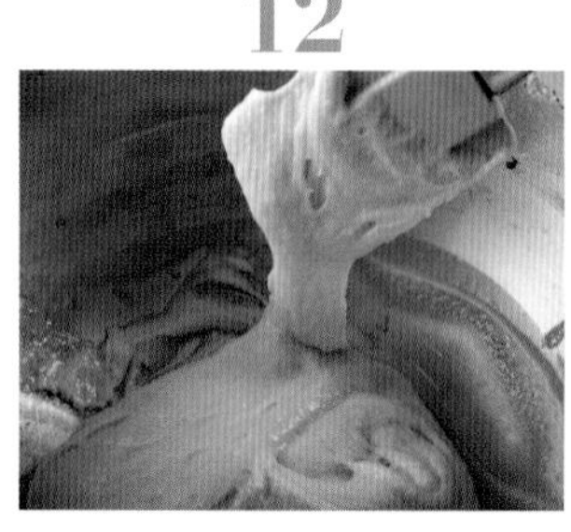

10

13

11

14

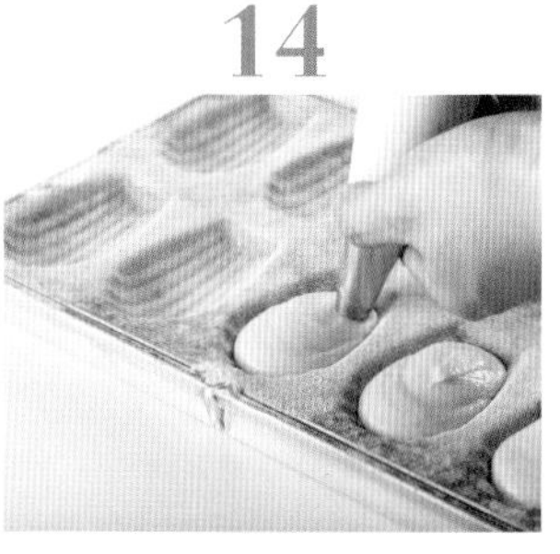

⑩ 玛德琳模具先涂上一层奶油，再均匀地铺上一层厚厚的面粉。

⑪ 将烤模倒扣轻拍，敲震掉多余的面粉，只留下薄薄的一层。

⑫ 从冰箱中取出面糊，用刮刀搅拌一下，确认面糊没有沉底的情况。

⑬ 将面糊装入挤花袋中，再填入烤模。

⑭ 挤入烤模的面糊高度是平模，不需要敲震，直接放入预热完成的烤箱。

玛德琳蛋糕面糊，为什么不需要打发?

正统的法式玛德琳，并不需要打发，由于配方中添加了泡打粉，经过 12 小时以上的冷藏与静置，一来能够延缓泡打粉太快发挥作用，二来也能让面糊完全松弛，所以烤出来的玛德琳也就更加湿润松软了。

Q1 为什么玛德琳无法烤出完美的金黄色外皮?

答 烤箱温度不均匀或烤模状况不够理想

一般家用烤箱控温效果会比专业烤箱差一些，通常玛德琳的色泽是否均匀一致，是以“贝壳纹”那面作为判断基准，也就是靠近下火的烤盘底部，盛盘时，通常也是贝壳面朝上。

贝壳纹的烤色太黑，代表下火太强，可在烤约 12 分钟后，发现玛德琳的肚脐眼膨起时，将下火降温 5 ~ 10℃。贝壳纹的烤色太白，则代表下火温度不够，可酌情调升下火温度 5 ~ 10℃。但若是贝壳纹的纹理不清楚、色泽不一致，则极有可能是因为使用了硅胶烤模，或因为在烤模上涂抹奶油时，涂得太厚，导致面粉分布不均，烤出来的玛德琳就无法拥有完美的金黄色外皮。

若是因烤箱前后排位置的温差而造成色差，可在最后 5 分钟时取出，转换烤盘方向再继续烤，或尽量把烤盘摆放在烤箱的正中间位置，烤色会较均匀一致。

烤色均匀完美

贝壳纹理清晰，呈现完美的金黄色。

贝壳纹面焦黑

底部和周边烤色较黑，贝壳纹路不明显。

Q2 为什么玛德琳摸起来很油，口感油腻不松软?

答 没有搅拌均匀或液体油加太多了

制作玛德琳时，虽然不必打发，但粉类、液体类、油类一定要充分搅拌均匀。尤其是冰镇后的面糊，一定要稍微搅拌一下，让面糊的浓稠度一致，烤出来的玛德琳才不会有的很油腻，有的却太过干涩。

蛋白应使用新鲜的常温蛋，才能与面粉混合成无粉粒的面糊。此外，拌入焦化奶油（液态）时，可分 2 次加入并慢速拌匀，让焦化奶油与面糊完全融合。切记，别为了增加奶油香气而自行增加焦化奶油的分量，虽然拌和时没有油水分离，但在烤制过程中，当面糊中的水分被蒸发，过多的油分就会往下沉淀，造成玛德琳口感油腻不松软。

另一个原因就是，烤模只涂奶油，却忘了覆盖面粉层。

外表油腻，内部干涩

面糊中的油脂沉淀在烤模底部，外层油腻，口感偏硬。

Q3 为什么可丽露的底部焦黑，中央下凹、外圈有一道折痕？

答 上火太强；烤制过程中取出敲模时，时间不当、施力不当

出炉后的可丽露，是靠近下火有花纹那头朝上，而靠近上火的那头则朝下放置，也就是可丽露的底部。可丽露底部焦黑，一是因上火太强，二是烤制过程中，没有取出来敲模，因长时间的高温导致烤焦。如果发现上色太快，先别急着调降烤箱上火，而是在烤模上方覆盖一层铝箔纸阻绝火源即可。

在理想的烤温之下，烤 25 分钟左右时，面糊外皮就差不多定型了，面糊会往上凸起 0.5 ~ 1cm，这时就可以拿出来进行敲模动作。可丽露底部中央下凹，通常是因为温差所致，若烤制过程中取出来敲模的时间过长或施力过大，会让原本凸起的面糊回缩情况不佳，失去平整性，例如：太早拿出来敲，面糊还没定型，可丽露会裂；太晚拿出来敲，膨起来的部分则会向烤模外侧扩张，形成折痕，之后就不容易再把凸起来的面糊敲回去了，面糊一旦失去铜模的贴身加热，就无法形成完美的焦脆外皮，下场就是形成色泽不一致、高度倾斜不一、东倒西歪的状态。

底部花边清晰 OK

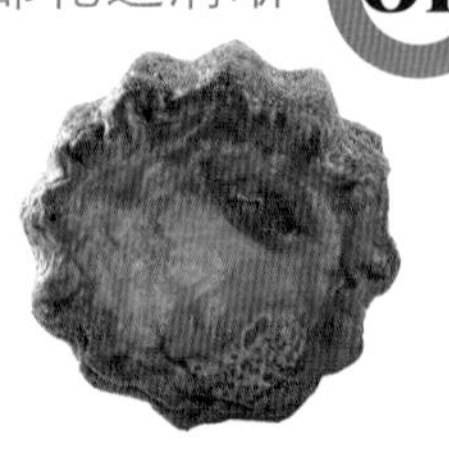

红铜制的烤模，导热性佳，受热均匀，烤出来的可丽露上色均匀、花纹清晰。

底部焦黑有折痕

取出来敲模的时间太晚，膨起来的面糊向外扩张，形成折痕，烤成一圈焦黑。

Q4 为什么玛德琳脱模失败？

答 烤模没有涂奶油

不管使用的是金属模还是硅胶模，在烤模上涂奶油、撒面粉这两个步骤，都是为了顺利脱模，一定要均匀且厚薄度一致。如果只撒面粉，忘了涂奶油，会让面糊粘黏在烤模上，不易脱模。

刚出炉的玛德琳不要立刻脱模，应先静置 1 分钟，等表面稍微降温，再趁热脱模。主要原因是玛德琳刚出炉时，表面还有些许水蒸气，质地较软，突然倒扣出来，容易让玛德琳变形，尤其是把元宝肚朝下放在网架上降温时，容易在蛋糕表面留下格状烙痕，这一点要特别注意。

纹理分明

完美脱模的状态，玛德琳外皮没有缺损，口感外酥内软。

呈脱皮状

脱模时，一部分的蛋糕表皮粘黏在烤模上。

Q5 为什么玛德琳没有肚脐状的突起?

答 面糊没有平模，下火温度不够

如果希望玛德琳的肚脐明显突起，呈完美的元宝肚且没有裂痕，放入烤箱之后的前5分钟很重要！下火要先用高温烤至边缘微微上色，且中央有突起后，再调回低温。

另一个关键技巧就是，倒入烤模的面糊量要足够，尤以平模为佳，由于玛德琳的烤模造型是边缘浅、中央深，所以边缘会先定型，之后中间的面糊则会因为后续高温而慢慢隆起，形成可爱的元宝肚。

完美的元宝肚 OK

肚脐完美凸起，颜色是米黄色，但周边烤色仍是均匀的焦糖色。

肚脐回缩 NG

肚脐原本凸起，后来回缩，有可能是表面还没定型，就突然降温。

解决方法

挤入烤模的面糊高度要平模，指的是正中央面糊高度与烤模同高，边缘不需要挤满，也不用刻意抹平，让面糊表面保持微微隆起状，就可以直接送进烤箱。

Perfect Cake

原味海绵蛋糕

Sponge cake

浓纯的蛋香、松软的质地，不涂鲜奶油也很美味

材料

A. 蛋糕面糊

全蛋……………………………250g

细砂糖……………………………125g

低筋面粉…………………………100g

无铝泡打粉………………………1g

无盐奶油…………………………50g

牛奶………………………………50g

B. 装饰

植物性鲜奶油（已打发）…300g

参考数据

烘烤时间	35 分钟
烘焙温度	上火 180℃ 下火 180℃

模具：8 寸圆形烤模

准备工作

❶ 全蛋温度约 50℃，可以采用隔水加热方式进行。

❷ 在牛奶中加入奶油，隔水加热至 70℃，备用。

❸ 先用汤匙拌匀低筋面粉和泡打粉。

TIPS 不使用搅拌器是因为粉类较少，考虑盆身较小，若使用搅拌器，粉末容易飞溅出盆外。

完美步骤

4

全蛋倒入搅拌盆内，之后倒入细砂糖。

5

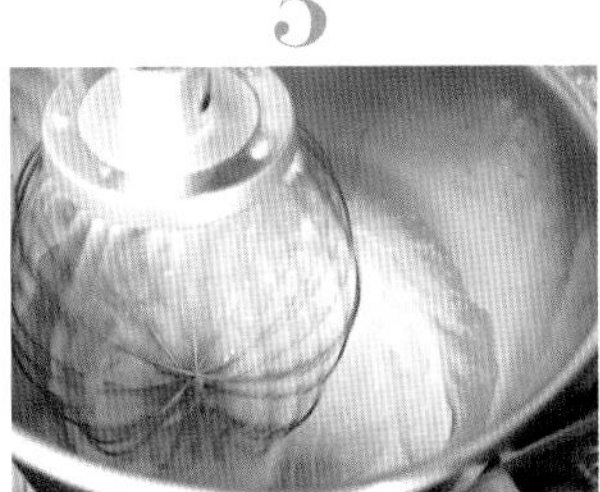

先以中速打到蛋液开始泛白，然后再转中高速打至九分发。此时呈乳白色乳霜状，勾起面糊时停留 2 秒左右滴下，才是最理想的状态。接下来转至慢速，打发 2 ~ 3 分钟将表面拌至柔滑状后，慢慢倒入粉类，用搅拌器拌匀。取下搅拌头后，可用刮刀刮净盆边缘的残粉，再搅拌几下。

6

取出 1/3 面糊，舀入预热好的奶油牛奶中。

7

使用刮刀，以切拌方式，将 1/3 的面糊和奶油牛奶轻轻拌匀。

8

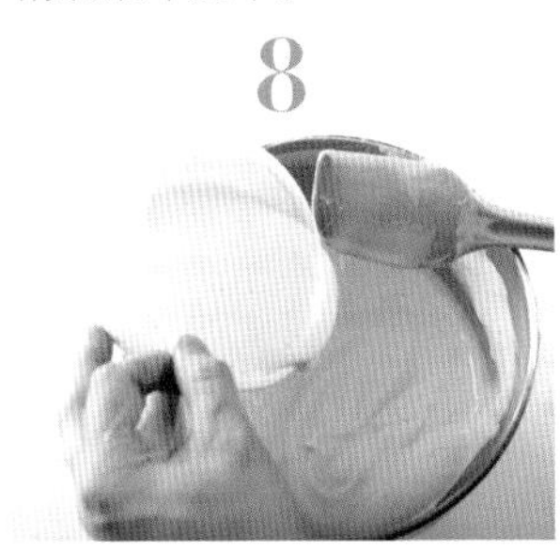

将拌好的 1/3 面糊倒回做法 5 打发完成的面糊内。

9

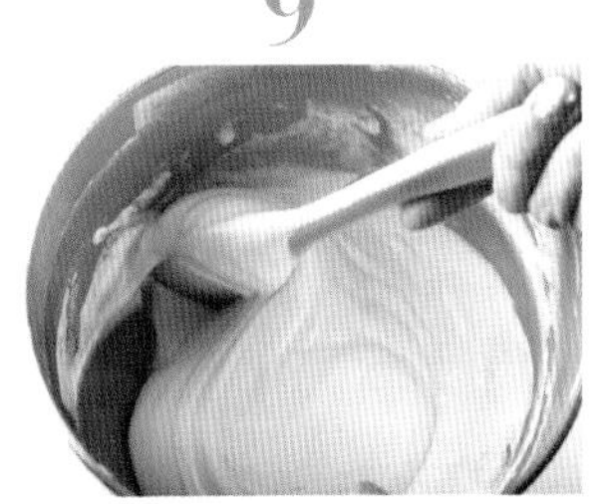

使用刮刀，以切拌方式将所有面糊拌匀，确认盆底没有奶油牛奶沉淀即可。

10

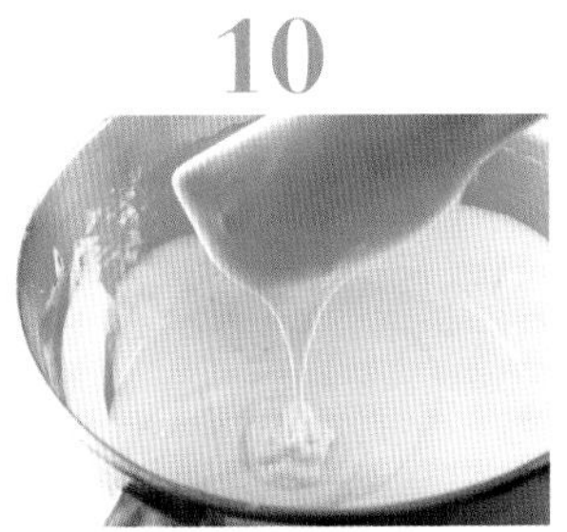

提起刮刀时，滴落的面糊应在表面留下清晰的折痕，不会马上消失。

11

将完成的面糊倒入活底模型内。

12

以刮刀在面糊表面转几个圈圈，让面糊表面更为平整。

13

敲震烤模 2 下，震出面糊中的多余空气，再放入预热好的烤箱内烘烤。

14

取出烘烤完成的烤模。以倒扣方式，让蛋糕放凉、自然降温。

15

以脱模刀沿着模型边缘垂直插到底，刀面要平贴烤模，搭配另一手慢慢转动烤模。

16

一手抓住烤模上下两侧，另一手从蛋糕烤模下方，以掌心平贴烤模底部，往上托举，就可轻松取出蛋糕。

17

将蛋糕倒扣在蛋糕转盘上，一手按住蛋糕，另一手以长锯齿刀横切蛋糕。

18

切的时候不要一刀到底，刀面保持水平，一面来回拉伸刀面，一面转动蛋糕转盘。

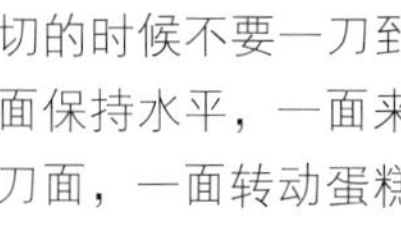

19

将蛋糕横切成 3 片。

20

将最上层 2 片移至工作台备用，蛋糕转盘上只留下 1 片。

21

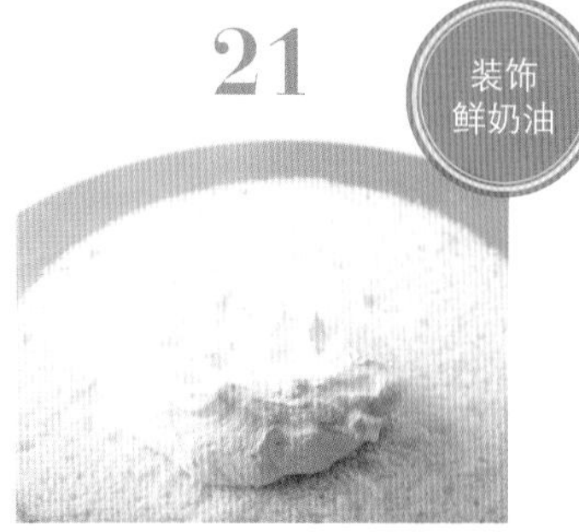

取适量鲜奶油放在蛋糕片的中心点。

22

用抹刀轻轻压着鲜奶油，往没有鲜奶油的地方涂开，另一手则转动蛋糕转台。

23

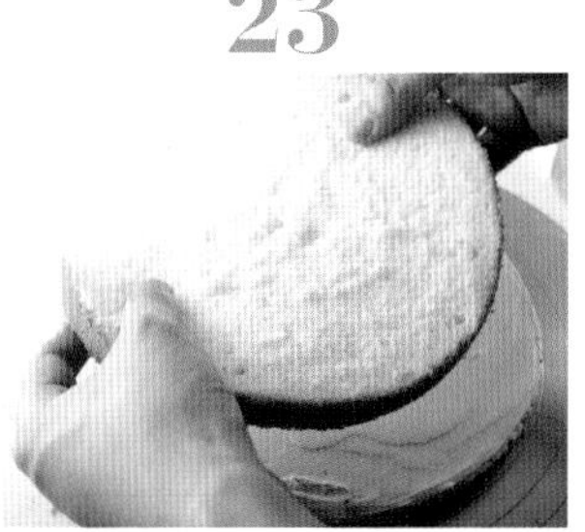

叠上中间层的蛋糕片。

24

重复做法 22 涂抹鲜奶油的动作，并避免刀面刮到蛋糕而沾上蛋糕屑。

25

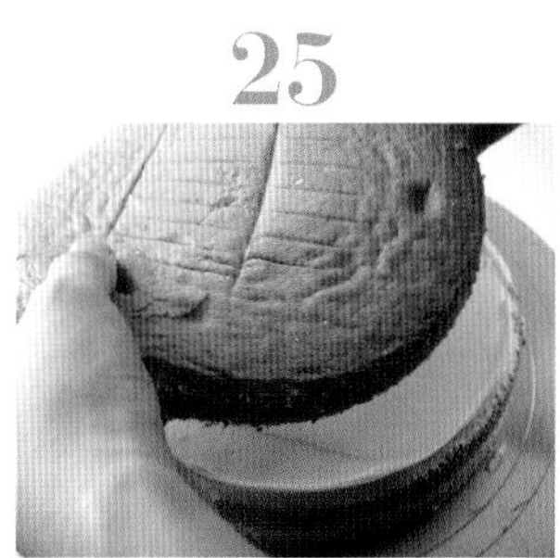

叠上最后一层蛋糕片。

TIPS

装饰可参考 P108 鲜奶油水果戚风蛋糕

Point

如何用脱模刀完美脱模?

若使用活底模，只要将脱模刀沿着蛋糕与烤模缝隙贴平插入至烤模底部，轻轻转一圈。取出时，一手抓住蛋糕模上、下两侧，另一手从蛋糕模下方，以掌心平贴烤模底部，往上托举，就可轻松取出蛋糕。如果使用固定模也没关系，只要在模型底部铺上一张尺寸一致的烘焙纸，就可以取代活底模的功能，同样以脱模刀脱模，但取出时必须以倒扣方式进行，所以要扶住蛋糕再倒扣，以免蛋糕直接摔落地面。

抹茶海绵蛋糕

轻 咬 一 口 ， 捎 来 舒 心 怡 人 的 抹 茶 香 气

材料

A. 蛋糕面糊

全蛋……250g
细砂糖……125g
低筋面粉……90g
抹茶粉……10g
无铝泡打粉……1g
牛奶……50g
无盐奶油……50g

B. 装饰

植物性鲜奶油（加入10g抹茶粉打发）……300g

参考数据

烘烤时间	35分钟
烘焙温度	上火 180℃ 下火 180℃

模具：8寸圆形烤模

完美步骤

3

4

5

6

7

8

9

❶ 打发全蛋，最佳温度约 50℃，可连同搅拌盆隔水加热或泡在 50℃热水里。

❷ 在牛奶中加入奶油，隔水加热至 70℃，备用。

❸ 将抹茶粉、低筋面粉、泡打粉，放在小型搅拌盆内。

❹ 用汤匙拌匀粉类。

❺ 不使用搅拌器是因为粉类较少，考虑盆身较小，若使用搅拌器搅拌，粉末容易飞溅出盆外。

❻ 将温度约 50℃的全蛋与细砂糖，先以中速打到蛋液开始泛白，然后再转中高速打至九分发。转至慢速，打发 2 ~ 3 分钟，将表面拌至柔滑状后，再慢慢倒入粉类，用搅拌器拌匀。

❼ 慢慢倒入做法 2 的奶油牛奶，以电动搅拌器拌匀。

❽ 将完成的面糊倒入活底模型内，以刮刀在面糊表面转几个圈圈，让面糊表面更为平整。

❾ 拿起烤模，敲震 2 次，再放入预热好的烤箱内烘烤。

后面同原味海绵蛋糕
做法 14 ~ 25

以电动搅拌器代替混合拌匀的动作，要注意什么?

首先，全蛋与糖的打发状态，一定要是完美的九分发，也就是发泡蛋液会稍微停留在搅拌器上 2 秒再慢慢滴下的程度，之后再将电动搅拌器改以慢速打发 2 分钟左右，去除大气泡，并将表面拌至柔滑状，这个动作若做得到位，之后再倒入粉类或油类混合，就不容易消泡，也可以烤出松软的口感。其次是拌和粉类与油类时，建议搅拌中间可暂停一下，先用刮刀将盆边、盆底的粉类和油拌入面糊中心，再开机继续拌匀。

变·化·款

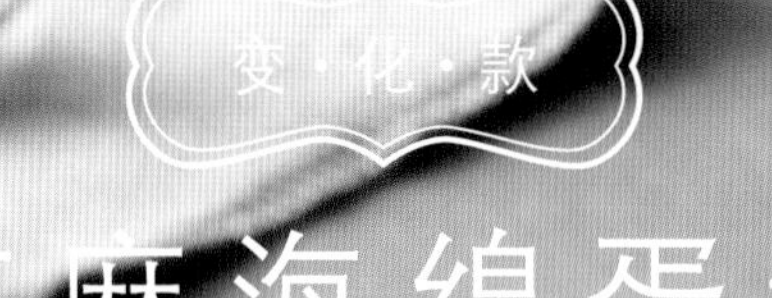

芝麻海绵蛋糕

纯粹而朴素的大人味蛋糕

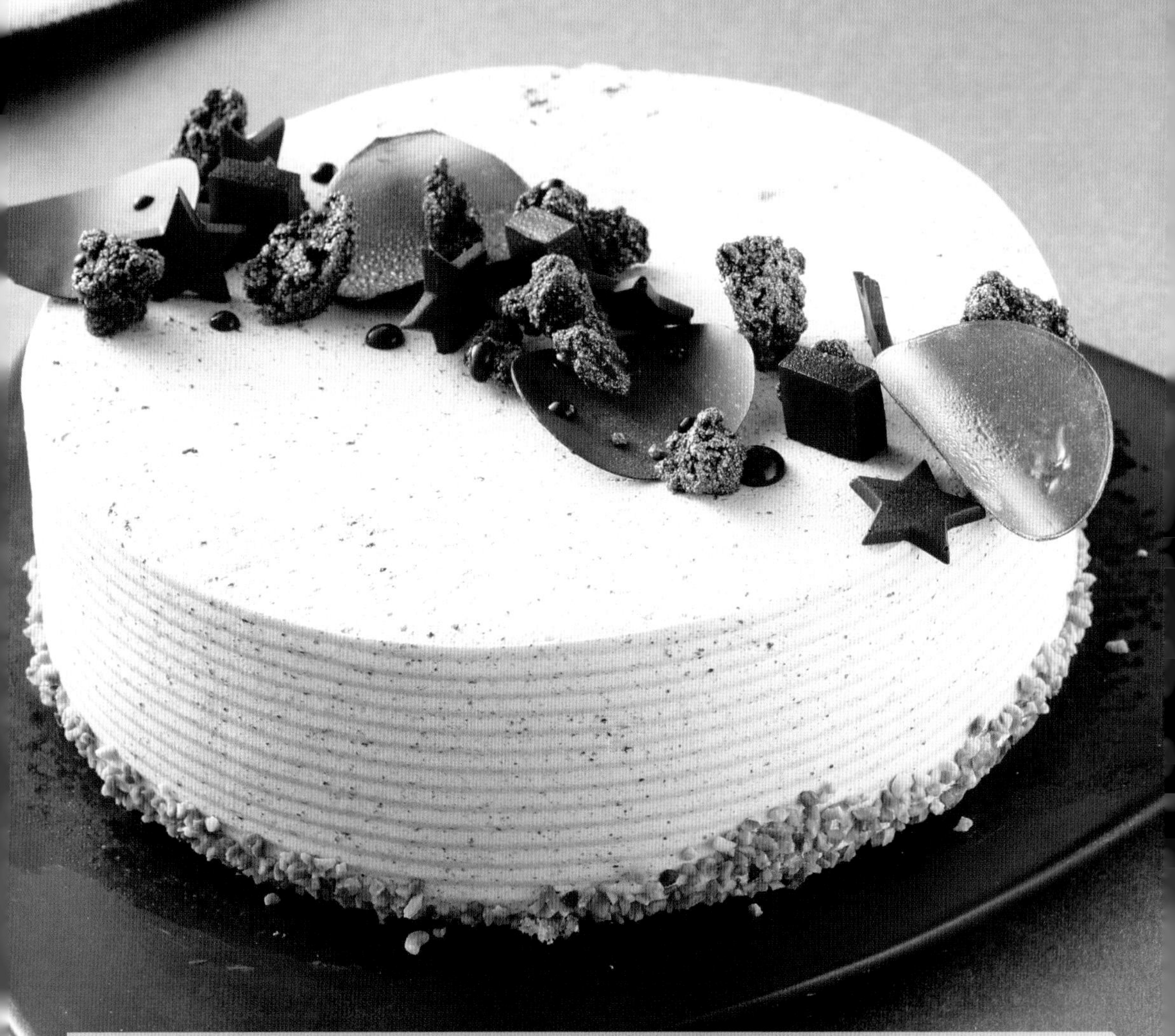

材料

A. 蛋糕面糊

全蛋……250g
细砂糖……125g
低筋面粉……88g
黑芝麻粉……12g
无铝泡打粉……1g
牛奶……50g
无盐奶油……50g

B. 装饰

植物性鲜奶油（加入10g芝麻粉打发）……300g

参考数据

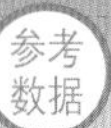

烘烤时间	35分钟
烘焙温度	上火180℃ 下火160℃

模具：8寸圆形烤模

完美步骤

3

6

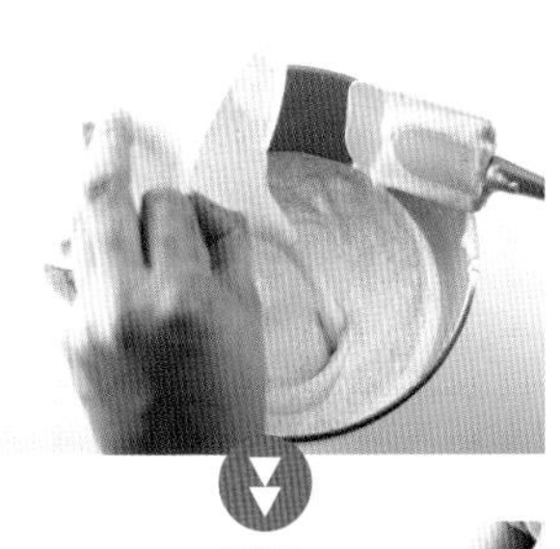

4

5

7

❶ 打发全蛋，最佳温度约 50℃，可连同搅拌盆隔水加热或泡在 50℃热水里。

❷ 在牛奶中加入奶油，隔水加热至 70℃，备用。

❸ 将黑芝麻粉、低筋面粉、泡打粉放在小型搅拌盆内，用汤匙拌匀。

❹ 将温度约 50℃的全蛋与细砂糖，先以中速打到蛋液开始泛白，然后再转中高速打至九分发。转至慢速，打发 2 ~ 3 分钟后，再慢慢倒入粉类，用搅拌器拌匀。

❺ 取出 1/3 面糊，舀入做法 2 的奶油牛奶中。使用刮刀，以切拌方式，将 1/3 面糊和奶油牛奶轻轻拌匀。

❻ 将拌好的 1/3 面糊倒回做法 4 打发完成的面糊内。同样使用刮刀，以切拌方式拌匀。确定盆底没有奶油牛奶沉淀即可。

❼ 将完成的面糊倒入活底模型内，以刮刀在面糊表面转几个圈圈，让面糊表面更为平整。拿起烤模，敲震 2 次，再放入预热好的烤箱内烘烤。

后面同原味海绵蛋糕
做法 14 ~ 25

Point

使用 50℃的蛋液与 70℃的奶油牛奶液体，对海绵蛋糕有什么影响?

微温的全蛋，有助于全蛋的打发，但温度不能过高，否则蛋白会开始变熟而结块。事先加热无盐奶油和牛奶至 70℃，又称为烫面法，它的优点是让面糊可以吸收更多水分和油分，并以高温降低面粉的筋性，让气孔变小，烤出来的蛋糕会更加绵密湿润。

Q1 为什么感觉蛋糕面糊的体积没有变大?

答 烤箱的预热时间不够久，或全蛋打发不足

在烤箱预热还不完全的时候，就把蛋糕面糊送进去烤，容易让面糊因为烤温不足而开始慢慢消泡，尤其是打发不足的全蛋面糊，因为面糊本身挟带的气泡含量本来就不足，再加上烤箱的温度不够高时，面糊无法快速蒸发水蒸气而开始膨胀，下场就是蛋糕“胀”不大!

另一个重点，就算烤箱已达到设定的预热温度，也不要马上放入面糊。因为家用烤箱的加热构造，70% 是靠加热器，30% 是靠烤箱壁面的传热效果，热对流情况也不比商业用烤箱好，所以当烤箱温度计直接放在加热器上方，也只能测到加热器附近的温度，事实上整个烤箱并未达到均温状态，通常必须再等 7 ~ 10 分钟，烤箱四周温度才会趋于一致。这也是为什么我们通常会建议烘焙者在开始备料的同时，就要先预热烤箱。

切记，千万不要在烤箱均温程度还不够时，就突然调高温度! 有些食谱会贴心叮咛，送面糊进烤箱时，打开烤箱这个动作会让烤箱流失温度，故常建议送面糊进烤箱之后的前 5 分钟要先调高 10℃，但此方式并不适合中小型的家用烤箱，因为烤模距离加热器通常非常近，加热器的高温可能让面糊表面提早定型，而阻碍后续的膨胀力，或让面糊为了排出水蒸气而造成蛋糕表面裂开。

最好的预热方式，是先把烤箱温度设定至比预定温度高 10℃，等面糊送进烤箱之后，再调回预定的正确烤温。

膨胀高度不足 

气泡被破坏，膨胀力不足，蛋糕成品矮小、表面凹陷。

膨胀高度完美 

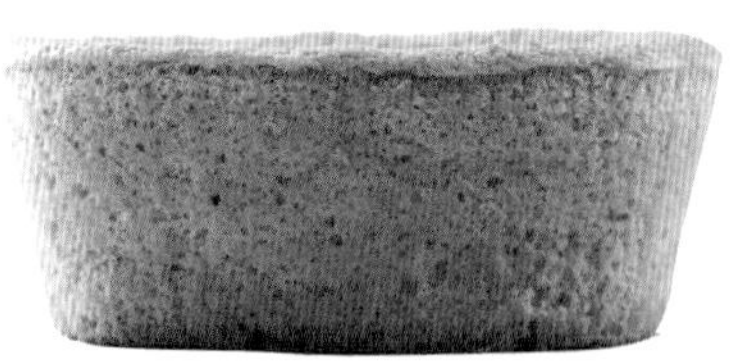

蛋糕具有膨胀感，高度挺直，感觉十分轻软、有弹性。

Q2 为什么蛋糕出炉后，会立刻扁塌或缩腰？

答 烘烤过度、烘烤不足、水分过多、混拌不足

都是热胀冷缩惹的祸！当配方中的水分过多，会造成出炉后蛋糕体收缩的问题。另外，烘烤的时间不够或混拌不足，也会造成面糊的挺度不够，让刚出炉的蛋糕体组织太过松软，所以一接触到冷空气，蛋糕组织中的气泡或水蒸气便会马上紧缩、变小，导致蛋糕扁塌或缩腰。

至于烘烤过度，不只会让蛋糕变干、变硬，也会因为蛋糕体缺少水分而出现萎缩的皱褶或缩小。

扁塌缩腰 NG

蛋糕组织的含水量太高、挟带的空气量不够，热胀冷缩之后，导致缩小、变形。

均匀膨胀 

烘烤情况良好的海绵蛋糕，组织松软、有弹性，虽然会微缩一点点，但仍是均匀一致。

Q3 蛋糕切片后，为什么分层的情形非常严重，下层紧实、偶有空洞？

答 混拌时没搅拌均匀，或油、糖比例太高

虽然分蛋打发法会比全蛋打发法更容易出现这种情况，但全蛋打发的海绵蛋糕面糊也会出现分层的情况。举例来说，当面糊中的糖分含量太高时，因为砂糖本身富有保水性，与全蛋一起打发时，虽然还是可以打出挺度，但送进烤箱后，则会让出炉后的蛋糕内部形成一层空洞，导致面糊烤不透，变得又湿又软。

而含油比例过高时，在混拌过程中，油分会往下沉积，空气往上浮起，让出炉的蛋糕底层膨发不完全或消泡，成品明显较矮，色泽较深的部位，口感扎实像粿。但也不能搅拌过度，因为过多油脂会破坏气泡，导致变大的气泡在烘烤过程中往上蹿升，快速浮出面糊且立刻消泡。

气泡分布均匀 

形成空洞断层 

形成空洞断层 

混拌面糊和奶油牛奶时，应混拌至完全看不到奶油后，再搅拌数下即可。

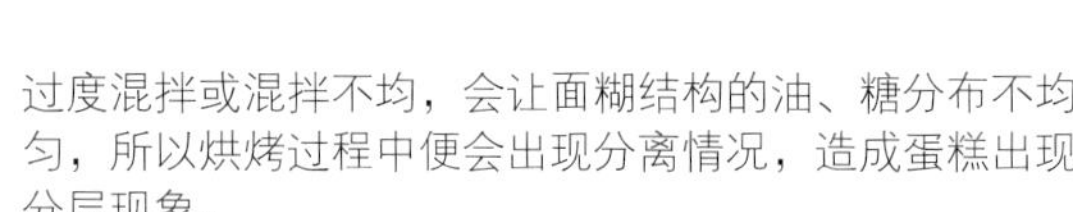

过度混拌或混拌不均，会让面糊结构的油、糖分布不均匀，所以烘烤过程中便会出现分离情况，造成蛋糕出现分层现象。

倒扣式脱模 

脱模时，蛋糕一定要完全放凉。因为温热状态下，如果不小心把蛋糕按扁了，就无法回复蓬松的状态了。将蛋糕体脱离烤模壁面后，取出方式有两种：一种是一手抓住烤模壁缘，一手扶住活底，从底部托出；另一种则是采取倒扣方式，一手按住蛋糕表面，另一手抓住烤模上、下两侧，直接将蛋糕倒入掌心。

生日蛋糕基底的首选
海绵蛋糕

海绵蛋糕的口感松软、有弹性，带有浓浓的蛋香，超绵密的海绵蛋糕，是生日蛋糕常见的基底。对初学者而言，海绵蛋糕的全蛋打法有一点难度，不过只要照着步骤多练习几次就能提高成功率！

鲜奶油水果戚风蛋糕

Chiffon Cake

超 松 软 的 细 致 口 感 ， 生 日 蛋 糕 的 首 选

材料

A. 蛋糕面糊
蛋白……100g
细砂糖①……61g
色拉油……50g
牛奶……75g
香草豆荚酱……2g
低筋面粉……100g
无铝泡打粉……2g
蛋黄……50g
细砂糖②……76g

B. 装饰
植物性鲜奶油（已打发）…300g
新鲜水果……适量
装饰用巧克力球……适量

参考数据

烘烤时间	40 分钟
烘焙温度	上火 190℃ 下火 200℃

模具：8 寸圆形烤模

准备工作

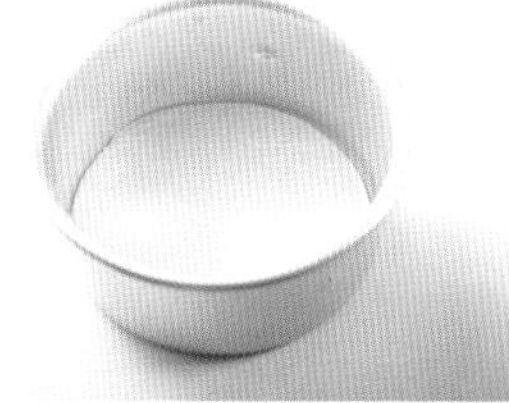

在烤模的底部铺上一张烘焙纸。

完美步骤

1 制作蛋黄面糊

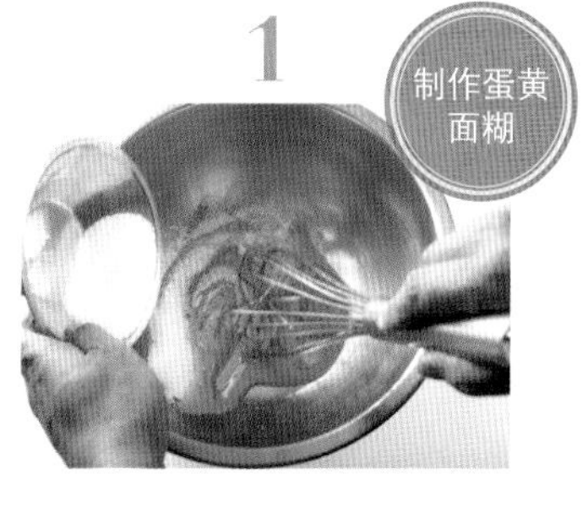

准备一个搅拌盆，放入蛋黄、砂糖②，搅拌至砂糖完全溶化，蛋黄颜色变浅。

2

牛奶隔水加热至微温（大概是手摸不烫的温度），分 2 ~ 3 次加入蛋黄液中。

3

分 2 ~ 3 次加入色拉油，并加入香草豆荚酱，使其呈均匀细致的流质状。

4

加入过筛后的低筋面粉、泡打粉。

5

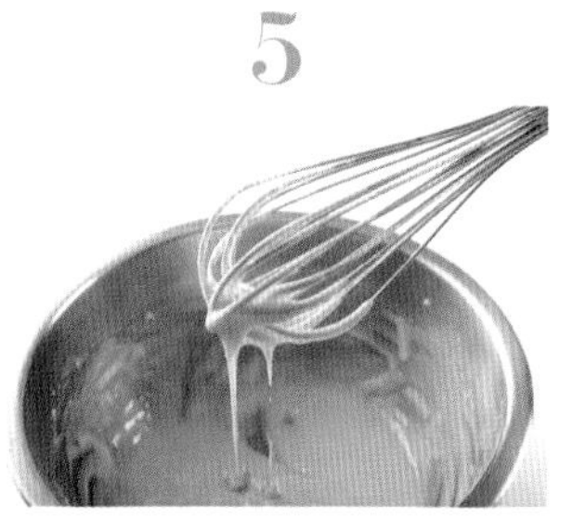

将面粉与蛋黄糊均匀混合，勾起蛋黄糊，确定没有结粒的面粉。

6 制作蛋白霜

将蛋白先以低速打成粗泡。

Start

7

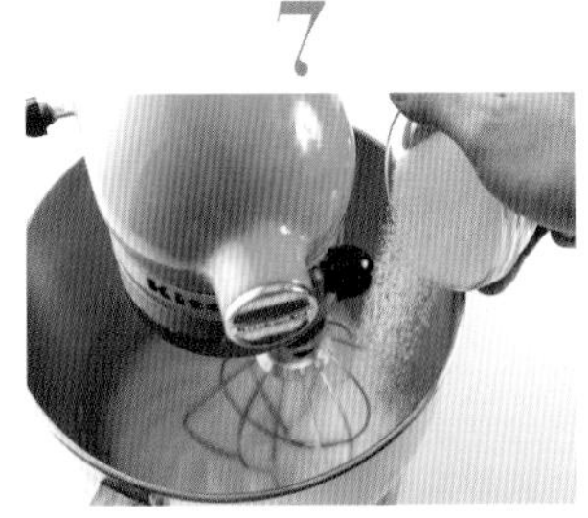

将转速调至中速，加入 1/3 砂糖①。感觉蛋白泡泡变白、变绵密了，砂糖也溶化了，再加入 1/3 砂糖①。最后一次加入砂糖①时，已经可以明显感觉蛋白霜的分量变大 1 倍以上。

8

将转速调整至中高速，打到蛋白泡泡拉起来时会有短小且直立的尖角，再转低速续打约 2 分钟，去除大气泡，让蛋白霜变得更细致、有光泽。

9

混拌蛋黄糊与蛋白霜

取 1/3 蛋白霜舀入搅拌好的蛋黄糊中。

10

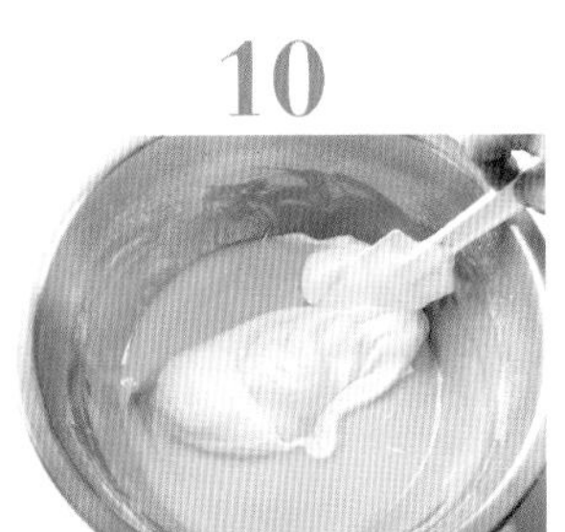

混拌至与蛋黄糊相近的质地。

11

加入另外 2/3 的蛋白霜。

12

以切入再翻转的方式，将蛋黄糊与蛋白霜拌匀。

13

混拌至面糊产生光泽，舀起面糊时，流淌下来的面糊可以形成漂亮的折痕。

14

面糊倒入烤模内，以刮刀去除表面的大气泡和折痕。

Point

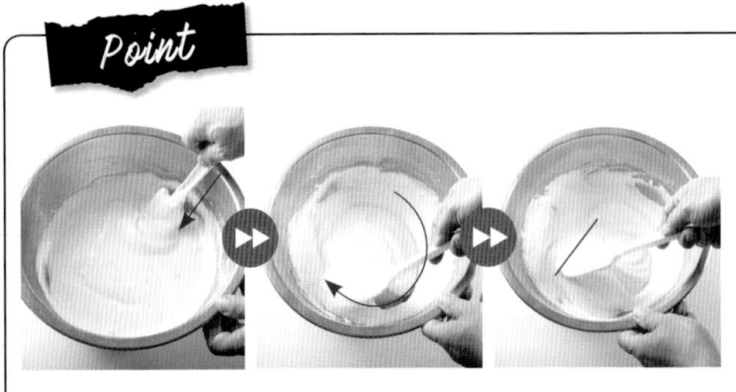

分蛋法的混拌技巧

沿着盆缘直角切入盆底。以顺时针方向，将面糊从盆底带起，一边转动刀面，靠近面糊水平面时，刀面打平，但仍不能离开面糊表面。转动手腕，翻转刮刀，将舀起的面糊带入盆底。每完成 1 回合，就转动搅拌盆，移至下次要切入的位置，以同样手法重复翻搅混拌均匀。

15

拿起烤模，在桌面上敲震几下，把面糊里的大气泡震破，再送进预热好的烤箱。

16

装饰
鲜奶油

将蛋糕放在转台上，蛋糕顶部铺上打发完成的植物性鲜奶油，一手转动转台，一手用抹刀从中间开始左右方向来回把奶油推平，铺满蛋糕顶部。

17

鲜奶油溢出边缘、侧面一些没关系。但抹刀每次都要拭净，再做推平的动作。

18

在蛋糕侧面抹上鲜奶油。抹刀竖起，转动转台，刀面须贴着蛋糕，确定表面和侧面都均匀布满鲜奶油即可。

19

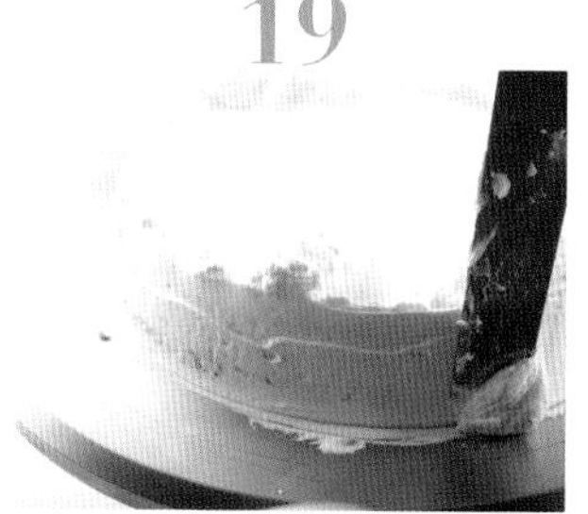

进行第 2 回合的修整动作。先修整侧面，刀头稍微顶着转台，刀面与蛋糕侧面的鲜奶油成 30° 夹角，另一手则转动转台。

20

以锯齿状刮板，在蛋糕侧面做出波浪纹。

21

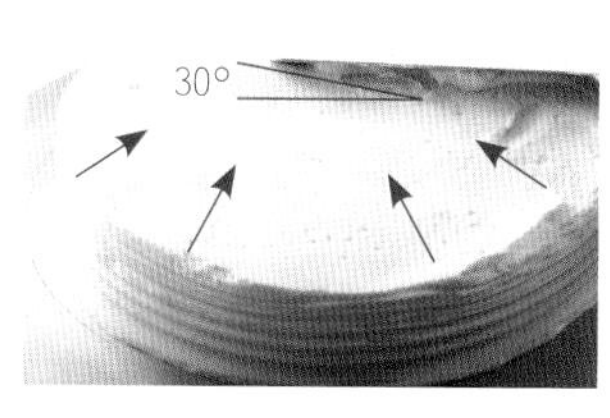

抹平蛋糕顶部，抹刀与蛋糕同样成 30° 夹角，由外向内，整个划过蛋糕表面。

22

将鲜奶油装入挤花袋，并在蛋糕顶部外圈，挤上一圈鲜奶油装饰。

23

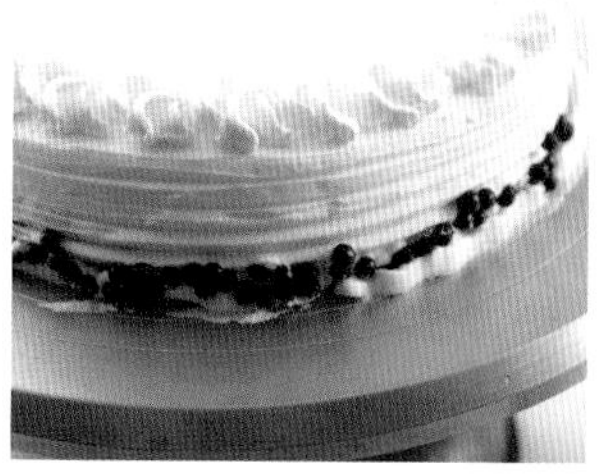

蛋糕侧面下围，点缀些许巧克力球，并稍微按压一下，使其黏附在鲜奶油上。蛋糕顶部撒上一圈新鲜水果片或水果丁作为装饰。

黑森林蛋糕

雪白细致的鲜奶油，浓黑醇香的巧克力碎片，完美搭配黑樱桃

材料

A. 蛋糕面糊

蛋白……150g
细砂糖①……100g
蛋黄……100g
细砂糖②……43g
可可粉……35g
低筋面粉……13g
无盐奶油……8g
牛奶……15g
无铝泡打粉……1g

B. 装饰

植物性鲜奶油（已打发）…300g
新鲜樱桃……适量
装饰用糖粉……适量
装饰用巧克力碎片……适量

参考数据

烘烤时间	40分钟
烘焙温度	上火190℃ 下火200℃

模具：8寸圆形烤模

完美步骤

8

10

12

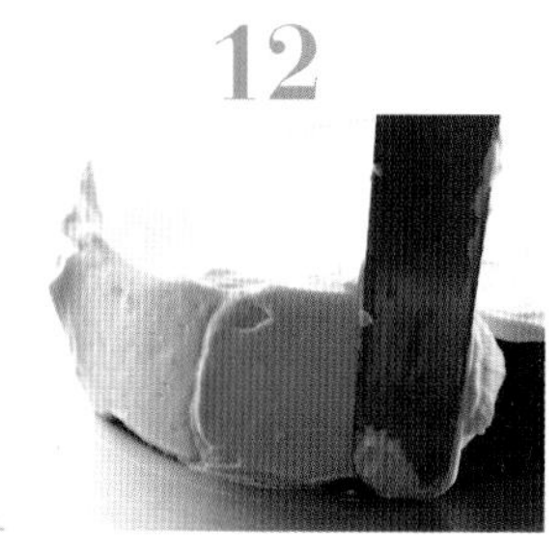

9

11

13

❶ 在搅拌盆中放入蛋黄、砂糖②，搅拌至砂糖完全溶化，蛋黄颜色变浅。牛奶隔水加热至微温（大概是手摸不烫的温度），分 2 ~ 3 次加入蛋黄液中。

❷ 分 2 ~ 3 次加入熔化的无盐奶油，搅拌均匀。

❸ 加入过筛后的低筋面粉、可可粉、泡打粉。将粉类与蛋黄糊均匀混合，勾起蛋黄糊，确定没有结粒的粉块或粉团。

❹ 将蛋白先以低速打成粗泡。调至中速，加入 1/3 砂糖①。感觉蛋白泡泡变白、变绵密了，砂糖也溶化了，再加入 1/3 砂糖①。最后一次加入砂糖①时，已经可以明显感觉蛋白霜的分量变大 1 倍以上。

❺ 将转速调整至中高速，打到蛋白泡泡拉起来时会有短小且直立的尖角，再转低速续打约 2 分钟，去除大气泡，让蛋白霜变得更细致、有光泽。

❻ 取 1/3 蛋白霜舀入搅拌完成的蛋黄糊中。混拌至与蛋黄糊相近的质地。

❼ 加入另外 2/3 的蛋白霜。以切入再翻转的方式，将蛋黄糊与蛋白霜拌匀。混拌至面糊产生光泽，舀起面糊时，流淌下来的面糊可以形成漂亮的折痕。

❽ 将完成的面糊倒入活底模型内，以刮刀在面糊表面转几个圈圈，让面糊表面更为平整。拿起烤模敲震 2 次。之后再放入预热好的烤箱内烘烤。

❾ 将放凉的巧克力蛋糕从烤模中取出。

❿ 装饰鲜奶油：将蛋糕放在转台上，蛋糕顶部铺上打发完成的植物性鲜奶油。

⓫ 一手转动转台，一手用抹刀从中间开始左右方向来回地把奶油推平，铺满蛋糕顶部。鲜奶油溢出边缘、侧面一些也没关系。若发现抹刀上不小心粘到些许蛋糕屑或过多鲜奶油时，要先擦干净，再进行推平的动作。

⓬ 在蛋糕侧面抹上鲜奶油。抹刀竖起，转动转台，刀面须贴着蛋糕，确定表面和侧面都均匀布满鲜奶油即可。

⓭ 进行第 2 回合的修整动作。先修整侧面，刀头稍微顶着转台，刀面与鲜奶油成 30° 夹角，另一手则转动转台。

完美步骤

Start

14

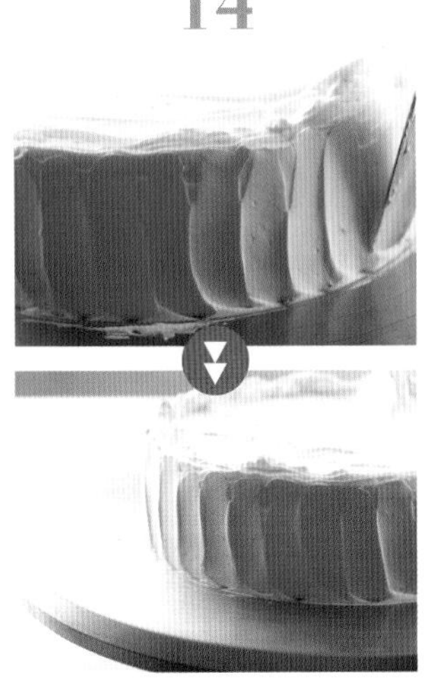

17

15

18

16

⓮ 利用抹刀的圆弧刀头，在蛋糕侧边勾勒出一道又一道直线线条。

⓯ 抹平蛋糕顶部，抹刀与蛋糕同样成30°夹角，由外向内，整个划过蛋糕表面。

⓰ 将鲜奶油装入挤花袋，并在蛋糕顶部外圈，挤上8朵鲜奶油花作为装饰。

⓱ 以汤匙舀起巧克力碎片，撒满蛋糕内圈。

⓲ 均匀地撒上些许糖粉。最后再装饰新鲜樱桃。

装饰用的植物性鲜奶油，
打至七分发最好!

植物性鲜奶油若已含糖，直接打发即可。打发鲜奶油时，可以将鲜奶油连同搅拌盆一同放入冰箱冷冻15分钟，再拿出来打发，或在盆底部垫块冰毛巾，都能缩短打发的时间，且达到最佳硬挺度。

不过，鲜奶油也不是打得越发越好，大约七分发即可，既可用来涂抹表层，也可用于挤花装饰；若作为夹层内馅则可打至八分发。打至七分发的鲜奶油，表面具有光泽，舀起奶油时，呈尖角状且不会滴落。如果发泡程度已经类似蛋白霜的挺度了，那就是打发过度，挤出来的鲜奶油花，花瓣会有毛边状的裂纹，这一点要特别注意。

咸蛋糕

戚风蛋糕独有的绵柔细致，搭配水浴式烤法，让咸蛋糕别具风味

材料

A. 蛋糕面糊

细砂糖 90g
蛋白 160g
蛋黄 40g
盐 5g
低筋面粉 80g
无铝泡打粉 6g
玉米粉 20g
牛奶 10g
色拉油 70g

B. 配料

猪绞肉 130g
油葱酥 .... 少许
豉油 15g
蒜末 .... 少许
姜末 .... 少许
色拉油 .... 少许

参考数据

烘烤时间	25分钟
烘焙温度	上火180℃ 下火180℃

模具：20cm×20cm（高5cm）

准备工作

取一方形烤盘。沿着框底周围铺上铝箔纸。

1

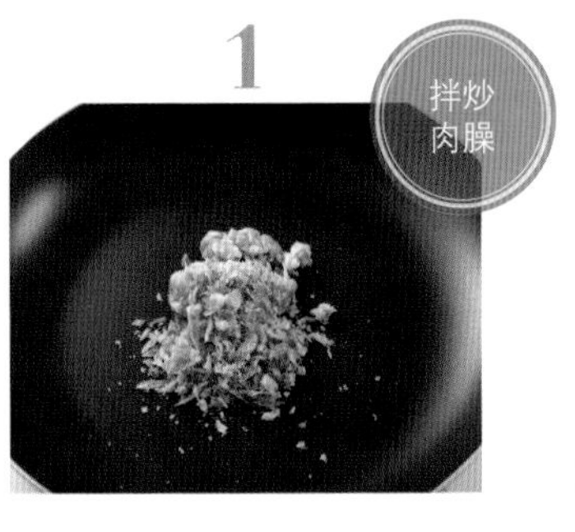

2

3

4

5

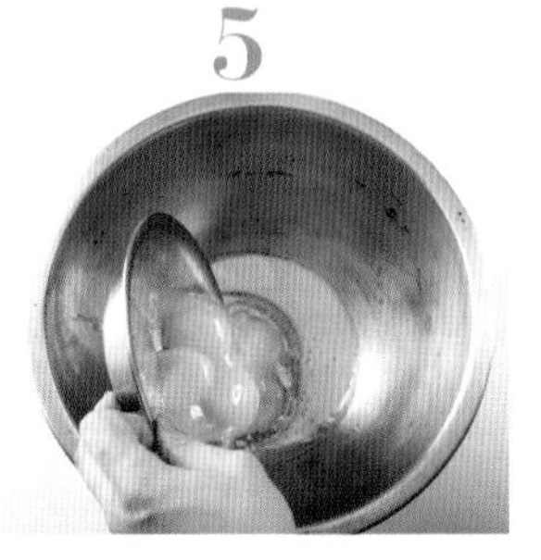

6

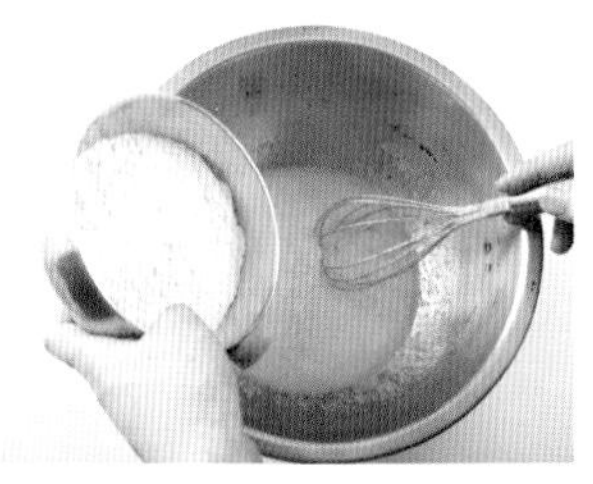

7

8

9

❶ 拌炒肉臊：起油锅，放入少许色拉油，爆香蒜末、姜末，再加入绞肉、油葱酥拌炒。

❷ 加入豉油提味，并炒至汤汁收干。

❸ 将肉臊装入小钵，放凉备用。

❹ 制作蛋黄肉臊面糊：搅拌盆内放入牛奶、色拉油。

❺ 倒入蛋黄，以搅拌器拌匀。

❻ 加入盐及过筛后的低筋面粉、泡打粉、玉米粉。

❼ 以搅拌器拌匀。将蛋黄糊打至色泽泛白、无粉粒即可。

❽ 倒入放凉后的肉臊。

❾ 以搅拌器将肉臊和蛋黄糊搅拌均匀。

完美步骤

10

11

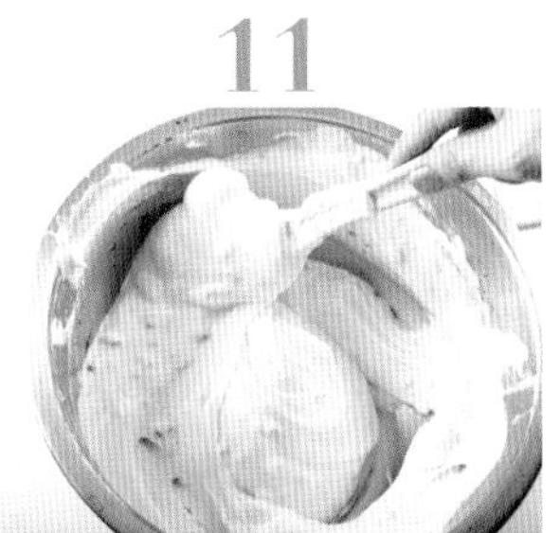

12

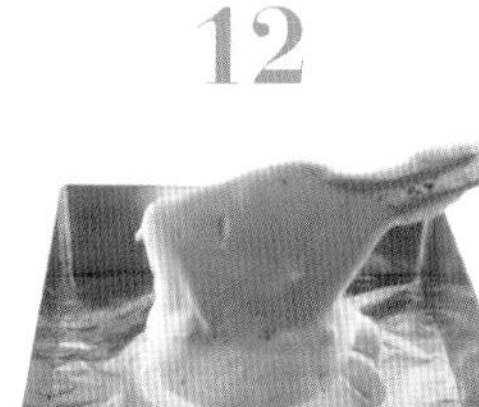

15

⑩ 蛋白分 3 次加入细砂糖，打至九分发。

TIPS

蛋白霜打法参考 P109、P110 鲜奶油水果戚风蛋糕做法 6 ~ 8

⑪ 将蛋黄肉臊面糊倒入蛋白霜中，以切拌方式拌匀。

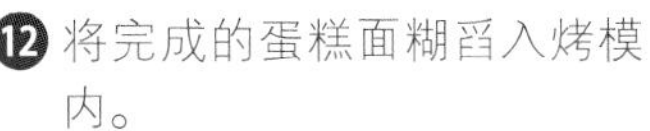

⑫ 将完成的蛋糕面糊舀入烤模内。

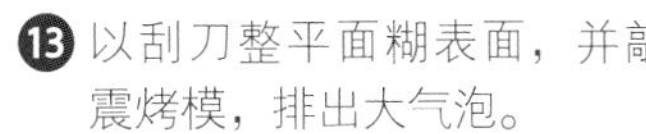

⑬ 以刮刀整平面糊表面，并敲震烤模，排出大气泡。

⑭ 在面糊表面均匀地撒上一层油葱酥。

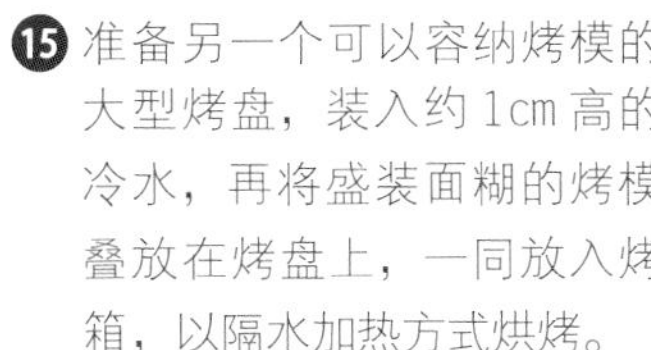

⑮ 准备另一个可以容纳烤模的大型烤盘，装入约 1cm 高的冷水，再将盛装面糊的烤模叠放在烤盘上，一同放入烤箱，以隔水加热方式烘烤。

Point

肉臊不能夹带油水，要确实炒干或沥干

肉臊要炒至汤汁收干，或炒完后立即放在漏勺上沥干，因为采用分蛋法制作的咸蛋糕，最后一个步骤是拌入蛋白霜，若蛋黄糊里面油、水比例太高，会造成拌和后出现消泡的情况。此外，油、水含量太高的肉臊，容易往下沉在面糊底部，让蛋糕里的肉臊分布不均匀。

Q&A 常见的问题与解答

Q1 为什么蛋糕好像没熟，吃起来有点湿湿黏黏的；倒扣放凉后，底部明显凹陷？

答 下火温度不足或烘烤时间不够，可继续烘烤至熟透

千万不要为了想要让蛋糕拥有更好的保湿度或为了担心烤焦，而自行调弱烤箱温度，下火炉温不足或烘烤时间不够的戚风蛋糕，因为正中心尚未烤熟，出炉后蛋糕组织内还有多余的水分未排出，将蛋糕倒扣之后，湿润的蛋糕体重量往下降（也就是蛋糕表面），所以底部会出现明显凹陷的情况！

即使蛋糕表面上色均匀，还是要用竹签插入蛋糕中心点，看看是否还粘黏着未烤熟的面糊，若发现插进去还有沙沙的感觉，就代表下层还没烤熟，可在蛋糕表面覆盖一层铝箔纸，再烤 5 分钟看看。

倒扣后，
底部明显凹陷

倒扣后，底部
平整

蛋糕表面
没有皱褶

蛋糕中心点没烤熟，但表面和外层熟了，倒扣放凉后，蛋糕底层会出现下陷的情况。

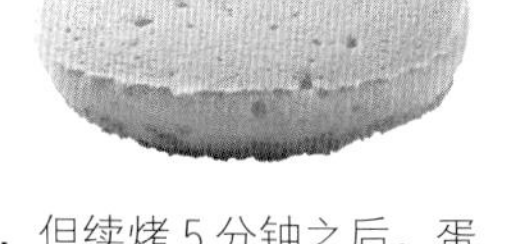

虽然底部色泽仍旧偏白，但续烤 5 分钟之后，蛋糕依旧蓬松，口感也不会太过干燥，冷却后蛋糕表面和底部都十分平整细致。

Q2 以分蛋法制作的戚风蛋糕，塌陷概率为什么这么高？

答 以下这 7 个原因，让戚风蛋糕塌陷了

1. 模型涂油，使用不粘烤模：戚风面糊需借助黏附在模型壁的力度往上膨胀。

2. 液体比例太高：面糊内的水蒸气不易散去，膨胀不完全。

3. 面糊没有充分拌匀：混拌蛋白霜和蛋黄糊时，因担心蛋白消泡，匆忙搅拌而没有拌匀。

4. 拌和时间太长，手法不对：已打发的蛋白霜，在与蛋黄糊过度拌和后消泡了。

5. 加入的配料太多、太重：例如肉臊、核桃、果干等，比例失衡也会让面糊在烘焙过程中消泡。

6. 没烤熟或烘烤时温度太低：温度不够，面糊膨胀不完全。

7. 没有等蛋糕完全冷却就脱模：热胀冷缩的原理，骤降的温差会让蛋糕回缩。

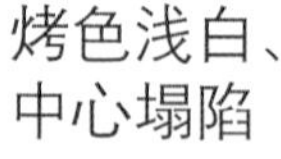

Q3 为什么蛋糕表面的烤色不均，有焦边或褐斑?

答 炉温失控或搅拌不均

完美打发且成功拌和的戚风蛋糕面糊，出炉后的蛋糕外形应是丰满膨润，厚薄均匀，表面上色一致，没有块状破裂。若蛋糕成品的烤色是一侧深、一侧浅，或焦边情况集中某一侧，则有可能是炉火不均匀所致。

蛋糕表面烤色不均、出现斑点时，应先从斑点颜色来判断，若是白斑极有可能是砂糖没拌匀，而褐斑则是蛋黄糊与蛋白霜没拌匀所致。

表面有焦边、褐斑 NG

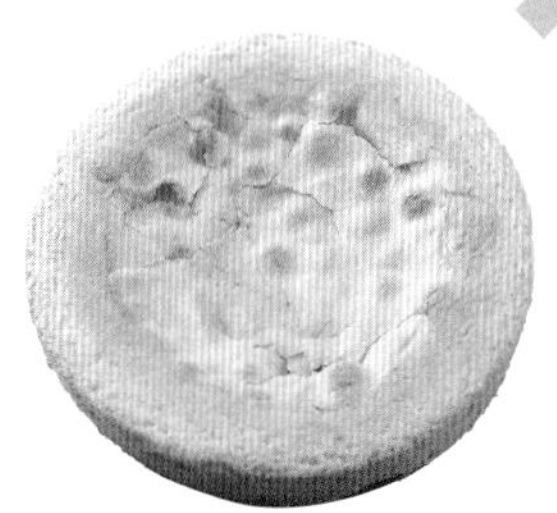

蛋黄糊与蛋白霜没拌匀，上火太强，导致蛋糕表面出现褐斑且干裂。

Q4 为什么蛋糕底层出现块状油痂、油皮?

答 拌和面糊时没拌匀，入模后没有立刻送进烤箱

分蛋法的面糊拌匀、入模后，要先敲震 2 下，排出面糊中的大气泡，随即送入预热的烤箱。虽然蛋白打得越细密，成品组织才越细密，但打发蛋白时，只需打至八分发泡、勾起时呈坚挺状即可，千万不能过度打发，以免油水分离，这时若再拌入蛋黄糊，下场就是拌不匀，烘焙过程中，比重比蛋白霜轻的油脂一定会往下沉，就会形成油皮或油痂。

蛋糕底部有块状油皮 NG

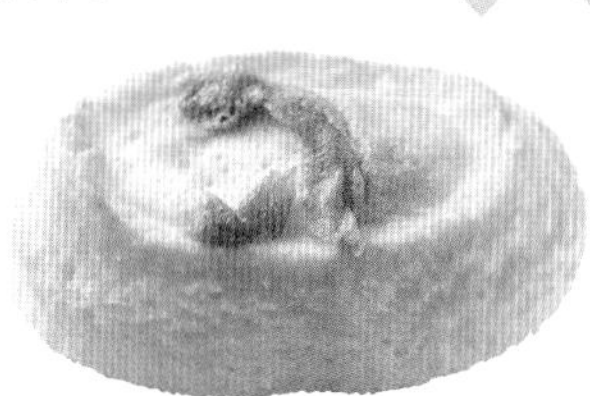

蛋白打发过度或拌和不匀，都会让油分下沉，集结在蛋糕底部。

Q5 为什么戚风蛋糕内部有大型的孔洞?

答 蛋白霜搅拌或拌和不良

可能导致大气泡的关键点有 4 个：

1. 蛋白霜在高速搅拌后，没有调至慢速搅拌 2 分钟，帮助面糊去除大气泡。

2. 拌和蛋白霜和蛋黄糊时，没有拌匀。

3. 面糊注入烤模时，留下大型缝隙。

4. 送进烤箱前，烤模忘了敲震 2 下。

蛋糕内部出现大型孔洞 NG

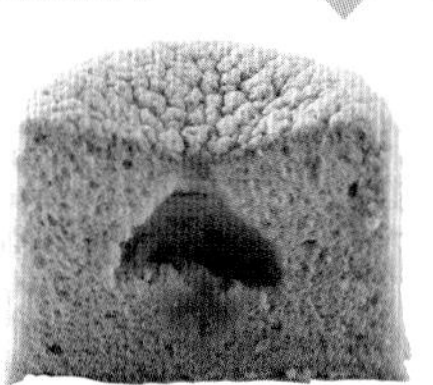

面糊倒入烤模后，送入烤箱之前，一定要先敲震 2 下，帮助面糊均匀分布在烤模内，且没有大气泡残留，烤出来的蛋糕才会平整细致。

Perfect Cake

布朗尼

Brownie

口感扎实的苦甜巧克力风味，步骤简单、容易上手

材料

无盐奶油 145g
全蛋 115g
细砂糖 75g
低筋面粉 58g
高脂可可粉 12g
无铝泡打粉 3g
核桃粒 35g

参考数据

烘烤时间	25 分钟
烘焙温度	上火 180℃ 下火 170℃

模具：方形烤盘

完美步骤

1

隔水加热奶油至 60℃，移开热源，待奶油熔化成液状；放入 1/3 细砂糖，搅拌至无沙沙声。

2

再拌入 1/3 细砂糖，搅拌至无沙沙声。

3

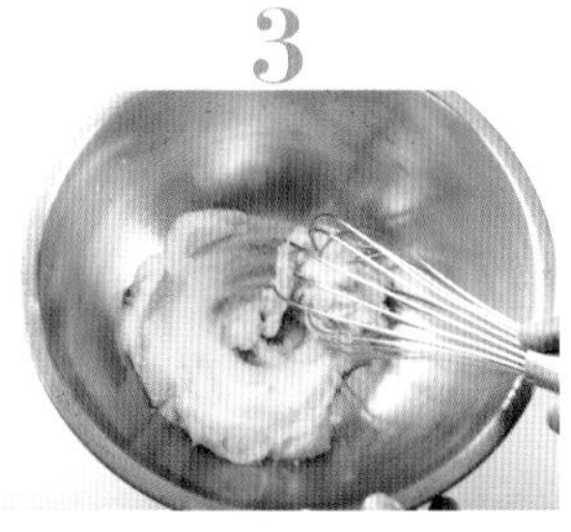

加入剩下的 1/3 细砂糖，搅拌至无沙沙声。

4

将奶油和糖打至颜色泛白，且稍具蓬松感即可。

5

分 2 ~ 3 次，加入打散的全蛋液，充分拌匀。

6

加入过筛后的低筋面粉、可可粉、泡打粉。

7

用刮刀搅拌至颜色均匀，无粉粒感即可。

8

拌入事先烤过、放凉的核桃粒。

9

将布朗尼面糊抹入方形烤盘，放进预热完成的烤箱烤熟。放凉后，切成长形块状即完成。

Point

一盆拌到底的布朗尼

制作布朗尼时，需要注意的关键有两处：一是无盐奶油不能加热至全部熔化，以免油水分离后的奶油会让布朗尼的口感变得太过油腻；第二个重点则是不能烤得太干，以竹签插入布朗尼，表面香酥，但竹签上面还有些许湿湿的巧克力泥，可以从烤箱中取出来了！

欧培拉蛋糕

一片片浸润着咖啡香的杏仁蛋糕，层层交叠着咖啡奶油霜和巧克力甘纳许

材料

A. 蛋糕面糊

全蛋……144g
蛋黄……40g
杏仁粉……150g
细砂糖①……150g
蛋白……150g
细砂糖②……70g
低筋面粉……43g
无盐奶油……26g
无铝泡打粉……3g

B. 内馅（巧克力甘纳许）

动物性鲜奶油……80g
75% 纽扣巧克力……155g
无盐奶油……30g

C. 内馅（咖啡奶油霜）

蛋白……45g
细砂糖……45g
无盐奶油……110g
咖啡粉……6g
温开水……6g

D. 咖啡糖液

咖啡粉……20g
细砂糖……5g
热水……125g

参考数据

烘烤时间	16 分钟
烘焙温度	上火 180℃ 下火 180℃

模具：方形平盘烤模

完美步骤

1

6

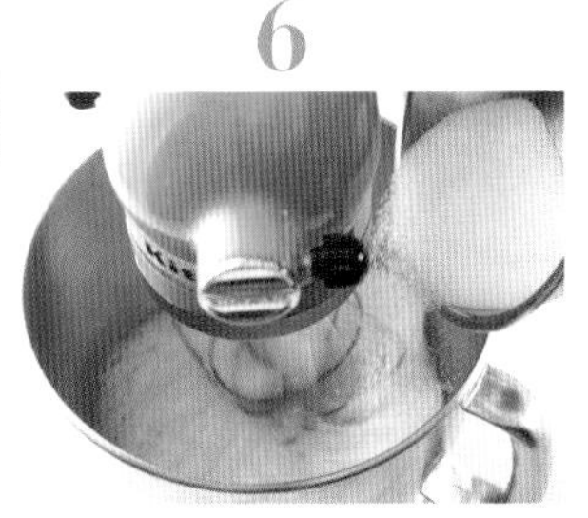

2

7

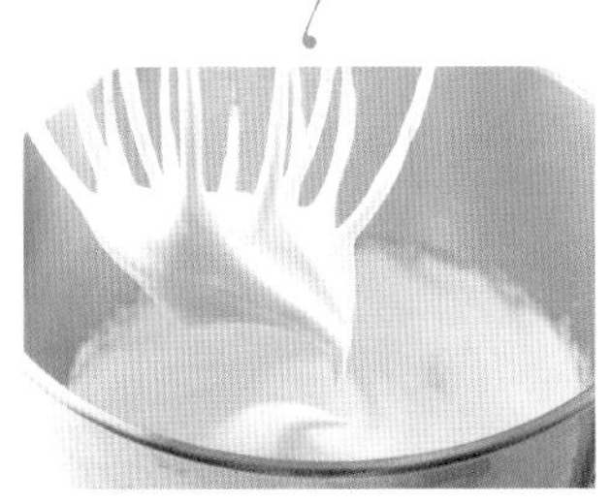

3

8

4

9

5

10

❶ 制作杏仁蛋糕片：全蛋打散，加入细砂糖①、熔化成液态的无盐奶油、蛋黄，搅拌至无沙沙声。

❷ 加入杏仁粉，简单搅拌几下。

❸ 加入过筛后的低筋面粉、泡打粉。

❹ 搅拌至无颗粒状，面糊略带光泽，绵滑而非黏稠。

❺ 将蛋白放入搅拌盆中，用电动搅拌器先以低速打成粗泡。

❻ 将转速调至中速，加入 1/3 砂糖②。感觉蛋白泡泡变白、变绵密，砂糖也溶化后，再加入 1/3 砂糖②。最后一次加入砂糖②时，已经可以明显感觉蛋白霜的分量变大 1 倍以上。

❼ 将转速调整至中高速，打到蛋白泡泡拉起来时有短小且直立的尖角，转低速续打 2 ~ 3 分钟，去除大气泡，让蛋白霜变得更细致、有光泽。

❽ 混拌全蛋面糊与蛋白霜：取 1/3 蛋白霜至搅拌好的全蛋面糊中，混拌至与全蛋面糊相近的质地。

❾ 加入另外 2/3 的蛋白霜。以切入再翻转的方式，将全蛋面糊与蛋白霜混拌至产生光泽，舀起面糊时，流淌下来的面糊可以形成漂亮的折痕。

❿ 方形平盘内铺上烘焙纸，在烤盘正中央倒入打发好的蛋糕面糊。

完美步骤

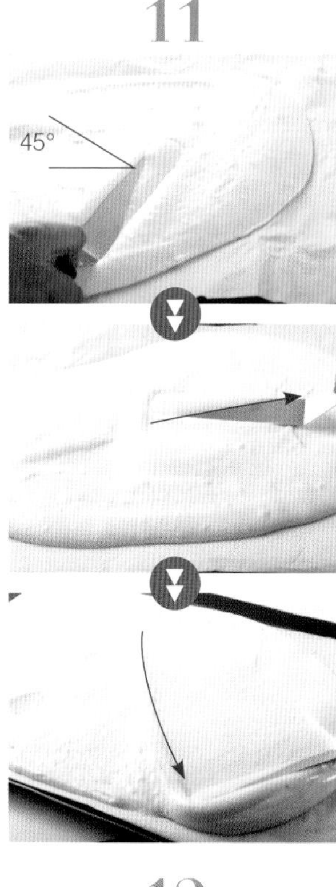

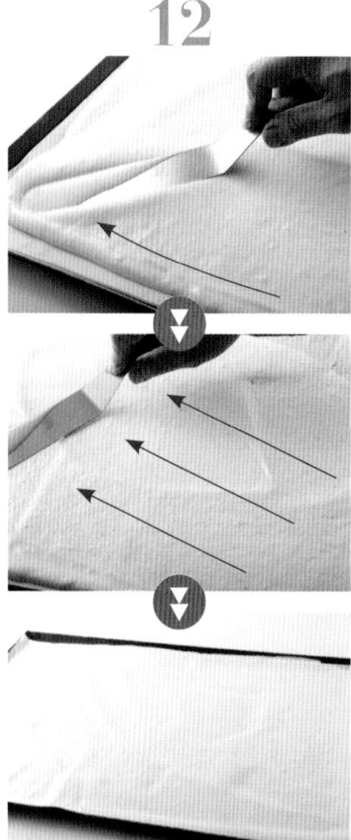

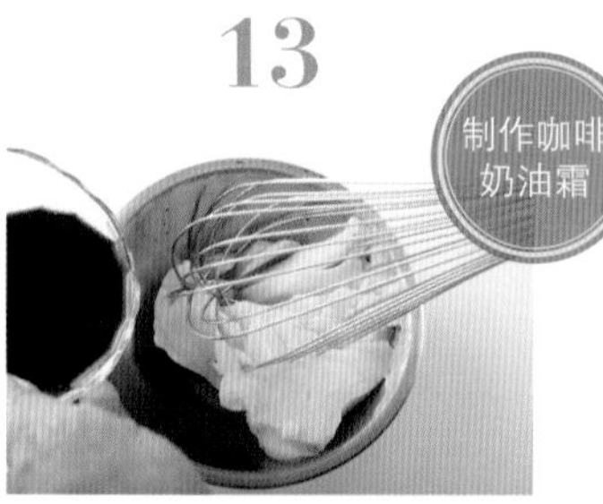

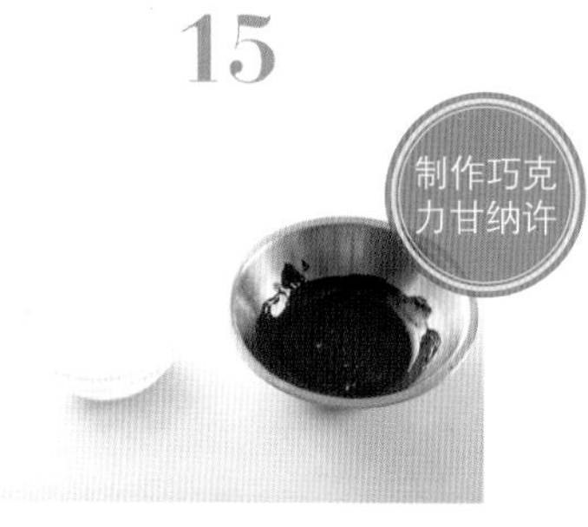

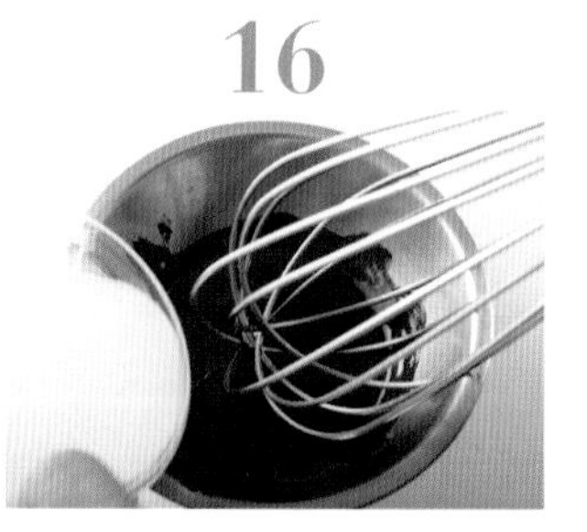

⓫ 蛋糕抹刀成 45°，从中心点由内向外朝烤盘边框，推平面糊。

⓬ 蛋糕抹刀成水平角度，紧贴面糊表面，让烤盘的 4 个边角也均匀分布面糊。最后再以同一方向推平面糊，让面糊高度维持在 0.1cm 左右，放入预热完成的烤箱。

⓭ 制作咖啡奶油霜：将咖啡粉以温开水调开，放凉。倒入常温下软化的无盐奶油中拌匀，使其呈乳霜状。

⓮ 蛋白分次加入砂糖，打至湿性发泡。将做法 13 的咖啡奶油霜拌入打发完成的蛋白霜中，继续混拌至光滑。

⓯ 制作巧克力甘纳许：纽扣巧克力块用刀切碎，隔水加热至熔化。动物性鲜奶油则需煮至沸腾。

⓰ 将加热至沸腾的动物性鲜奶油倒入熔化的苦甜巧克力中，慢慢搅拌至完全均匀后，再加入无盐奶油拌匀，随即放入冰箱冷藏 20 分钟以上备用。

⓱ 制作咖啡糖液：将咖啡粉、砂糖、热水混匀备用。

18

堆叠
欧培拉

23

19

24

20

25

21

26

22

⓲ 堆叠欧培拉：将放凉的杏仁蛋糕片切成 6 片尺寸一致的蛋糕片。

⓳ 取第一片杏仁蛋糕，表面刷上咖啡糖液。

⓴ 取 1/3 咖啡奶油霜，均匀抹在蛋糕片上。

㉑ 叠上第二层杏仁蛋糕片。

㉒ 刷上咖啡糖液，并抹上 1/3 的巧克力甘纳许。

㉓ 叠上第三层杏仁蛋糕片，刷上咖啡糖液，并抹上 1/3 咖啡奶油霜。

㉔ 叠上第四层杏仁蛋糕片，刷上咖啡糖液，再抹上 1/3 的巧克力甘纳许。

㉕ 叠上第五层杏仁蛋糕片，刷上咖啡糖液，并抹上剩下 1/3 咖啡奶油霜。叠上最后一片杏仁蛋糕片。

㉖ 抹上最后 1/3 巧克力甘纳许，放入冰箱冷藏，至巧克力不粘手后，即可用刀切去四边不平整的部分，让蛋糕切面的分层更为美观。

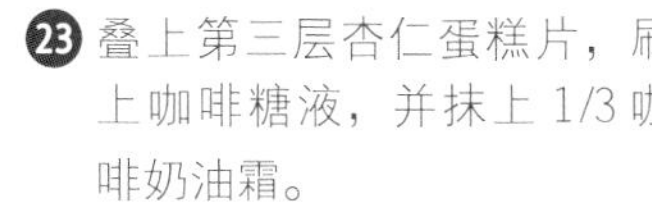

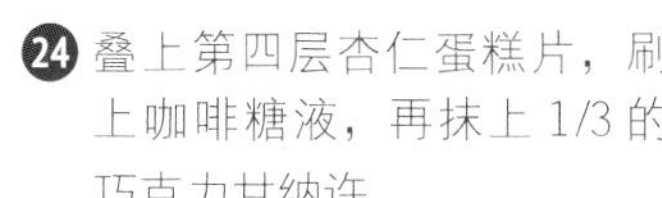

Point

当作夹心内馅的巧克力甘纳许
一定要冰过再用

基本款的巧克力甘纳许，是以巧克力与鲜奶油调和而成，比例依个人口味而定。由于甘纳许遇热会软化，所以如果不打算当作淋酱使用，可先放入冰箱冷藏 20 分钟以上，让内馅变得稍具浓稠度，会更容易涂抹。

Q&A 常见的问题与解答

Q1 为什么巧克力一加入全蛋面糊中就变硬，无法操作？

答 尽量选用纽扣巧克力

纽扣巧克力隔着约 50℃的热水熔化；气温偏低，或在冷气房制作时，最好隔着锅泡在温热水里备用，以防巧克力变硬。由于纽扣巧克力中富含天然可可脂，与无盐奶油拌和时，几乎只需要边压边拌，就可以充分混合均匀。

基本上，可可脂含量越高的巧克力，质量越好，等级越高的巧克力，外表如丝缎般光滑，一掰就碎，而且入口即化，通常可可脂的含量在 68% ~ 78% 之间。如果没有纽扣巧克力，也可以用烘焙专用的高脂可可粉取代，效果也一样完美。

使用一般巧克力砖 NG

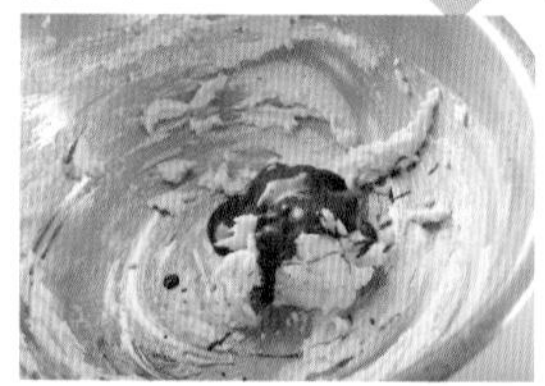

使用一般巧克力砖。一般巧克力砖没有经过调温，天然可可脂的含量也偏低，一加入蛋黄糊中就变硬，拌不开。

解决方法

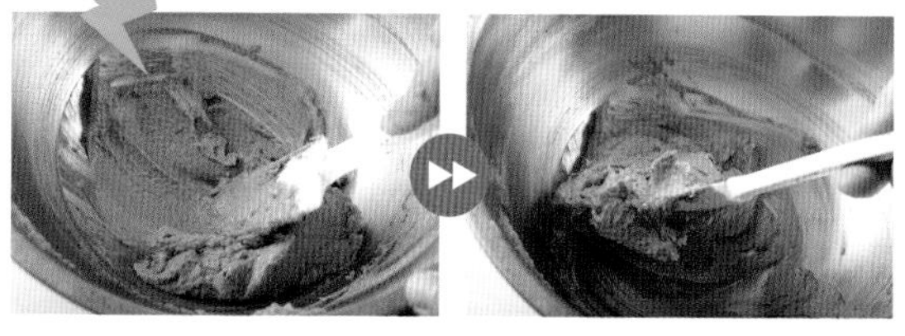

解决方法有以下 2 种：

1. 改用纽扣巧克力，并以少量多次的拌和方式进行。
2. 改用高脂可可粉，100% 可可原豆研磨而成，同样具有香浓芬芳的可可原味。

Q2 为什么布朗尼蛋糕起油泡，完全油水分离？

答 拌和时就油水分离了

本书示范的食谱是使用高脂可可粉，不过一般布朗尼食谱，大多会在第一个步骤就把纽扣巧克力和无盐奶油一起加热拌匀，以增加布朗尼的浓郁口感。但必须注意的是，若使用这种做法，巧克力和无盐奶油在锅内加热时，一定要使用隔水加热方式，绝不能以直火加热至沸腾，否则不但奶油会熔化，巧克力也会因此而出油。

那么隔水加热时，是否能让盛装巧克力的锅底部直接接触到沸腾的水面呢？其实最正确的加热方式，应该是利用水蒸气加热，即不是把锅泡在热水里，而是下面的水锅要比上面的巧克力锅小。当然，若使用专业设计的巧克力熔锅，兼具把手和挂耳，可以直接架在水锅上，使用起来更为便利。

蛋糕表面起油泡 NG

巧克力在熔化过程中就已经出油，和奶油及蛋黄糊的拌和情况也不完全，所以蛋糕出炉后，可以明显发现布朗尼表面浮现一颗颗的油泡。

Q3 为什么巧克力面团无法跟全蛋面糊拌均匀?

答 **分小坨，分次搅拌**

其实以高脂可可粉取代纽扣巧克力来制作布朗尼时，并不需太高超的拌和法，因为少了巧克力酱这个容易失败的因素，再加上布朗尼的油脂比例很高，所以完全不必担心面糊会因为搅拌次数过多而出筋，所以先把蛋黄糊分成一小坨一小坨，再拌回巧克力面糊中也没关系。

全蛋面糊和巧克力酱结成团、无法拌匀

刚和全蛋面糊接触的巧克力酱，好像有些变硬，无法拌匀。

解决方法

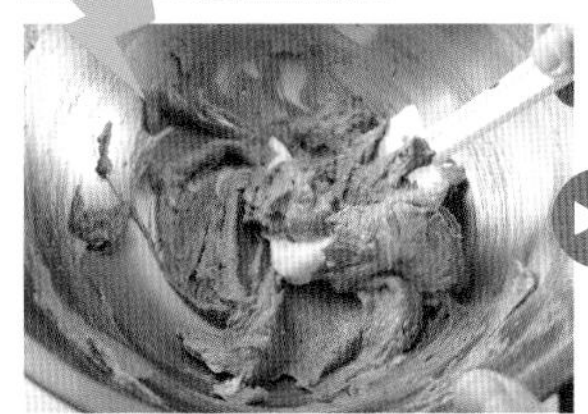

宜采用分次加入法。

口诀：一翻搅，二压拌，三刮盆。

重复至全蛋面糊全数拌入，并搅拌均匀。

Chapter 3 超完美蛋糕制作 这样做不失败！

Q4 为什么外层装饰用的甘纳许酱不够光滑细致?

答 **注意温度和比例**

制作甘纳许淋酱时，纽扣（苦甜）巧克力和鲜奶油的完美比例是 1：1。必须将动物性鲜奶油加热至沸腾，再慢慢倒入熔化的苦甜巧克力中，搅拌至完全均匀。当成巧克力淋酱时，蛋糕本身要冰得够硬，淋酱本身的温度也不能过高，成品才会美观，且拥有如镜面般的晶亮效果。

若当成内馅使用，或想要在蛋糕表面制造浓稠绵密的巧克力抹酱效果，则可增加纽扣（苦甜）巧克力的比例，并先将甘纳许冷藏 20 分钟以上，再拿出来使用；涂抹完成后，再放回冰箱冷藏，可以让欧培拉的分层结构看起来更加硬挺、清晰。

质地光滑细致

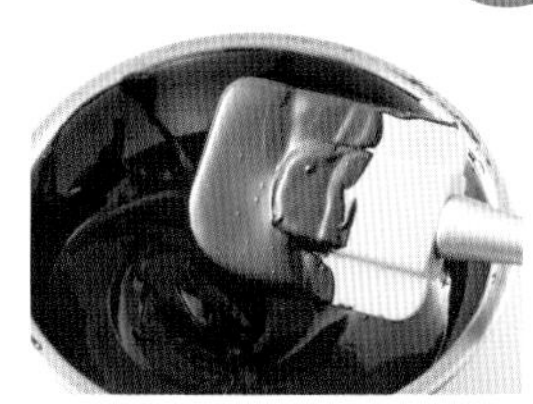

动物性鲜奶油要加热至沸腾，再拌入苦甜巧克力酱中。

色泽暗沉又结块 NG

动物性鲜奶油温度偏低，一倒入微温的苦甜巧克力酱，很容易就结成坨。

Perfect Cake

原味天使蛋糕

Angel Cake

雪 白 的 蛋 糕 ， 天 使 光 环 般 的 外 形 ， 简 单 装 饰 就 很 华 丽

材料

A. 蛋糕面糊

蛋白	80g
细砂糖①	25g
牛奶	40g
塔塔粉	2g
无铝泡打粉	2g
色拉油	40g
低筋面粉	85g

B. 蛋糕体（蛋白霜）

细砂糖②	100g
蛋白	160g

C. 抹酱

植物性鲜奶油（已打发）300g

参考数据

烘烤时间	30 分钟
烘焙温度	上火 180℃ 下火 160℃

模具：天使蛋糕模

完美步骤

1

在搅拌盆中倒入牛奶和色拉油。

2

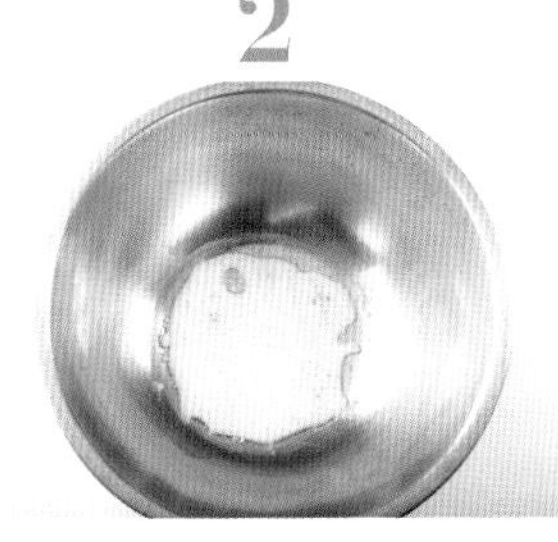

加入细砂糖①，拌匀至砂糖完全溶化。

3

加入过筛后的低筋面粉、塔塔粉、泡打粉，搅拌至无粉粒感。

4

倒入面糊材料 A 中的蛋白。

5

搅拌至呈光滑的乳霜状即可，不要过度搅拌。

6

取 1/3 蛋白霜混拌至打好的蛋白面糊里，搅拌成均质的状态。

TIPS

蛋白霜打法参考 P109、P110 鲜奶油水果戚风蛋糕做法 6 ~ 8

7

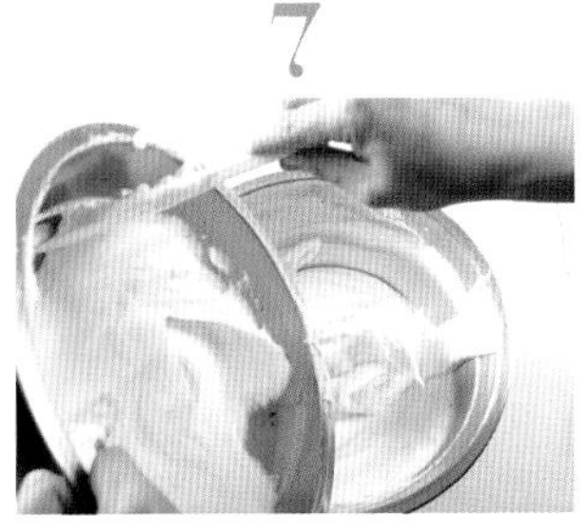

再倒入剩下的 2/3 蛋白霜。

8

以切入、翻拌、刮盆的动作，将雪白的天使蛋糕面糊拌匀至极具空气弹力的浓稠状。

Start

9

将面糊舀入模型。切记，蛋糕模型不可涂油，也不能使用不粘模。

10

面糊约填入九分满，并以刮刀整平面糊表面，连同烤模在桌面敲震 2 下，再送进预热完成的烤箱烘烤。

11

待蛋糕完全放凉后，徒手轻按住蛋糕表面，沿着烤模边缘，把蛋糕往中心方向按压。内圈的操作手法则是朝外圈方向按压。记住，是用按压蛋糕的方式来脱模，而不是用剥的。

12

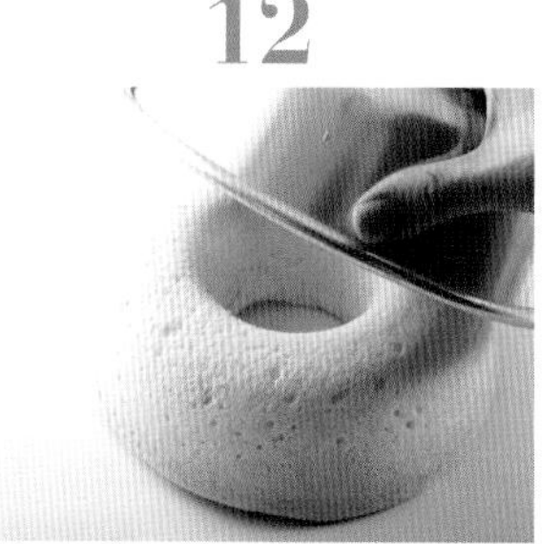

将蛋糕从模型中倒扣出来。

13

徒手脱模的天使蛋糕，外形依旧十分平整。

14

装饰鲜奶油

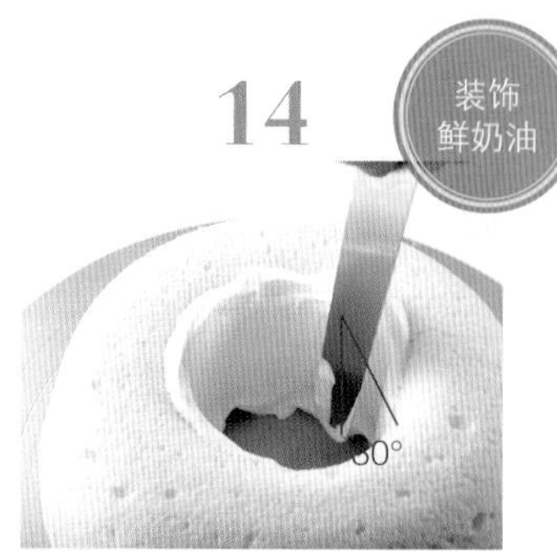

在天使蛋糕上涂抹鲜奶油。先从内圈开始涂抹，推抹鲜奶油时，刀面与蛋糕面应成 30° 斜角，刀身不动，另一手转动蛋糕转台。

以蛋白取代蛋黄的分蛋法制作，较不易消泡

将戚风蛋糕配方中的蛋黄以蛋白取代，采用“分蛋法”的方式来制作天使蛋糕，可以减少混拌时的消泡概率，而且口感更蓬松、有弹性。比较不同的地方是，这里的蛋白并不需要先和砂糖拌匀，也不需要打发，而是把砂糖直接混融在液体里面即可。

15

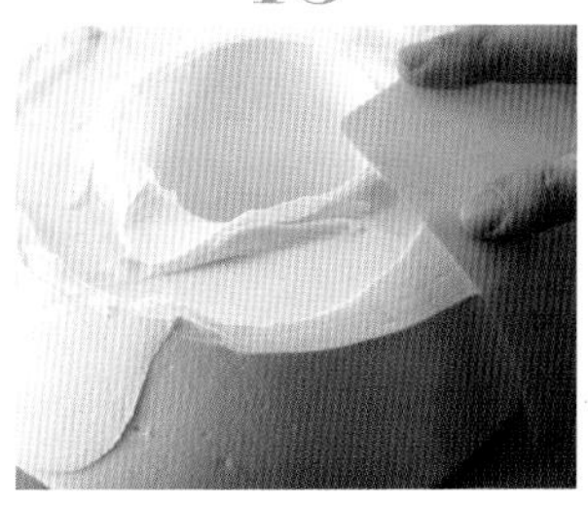

将鲜奶油涂满蛋糕体之后，要先用刮板抹平外圈。

16

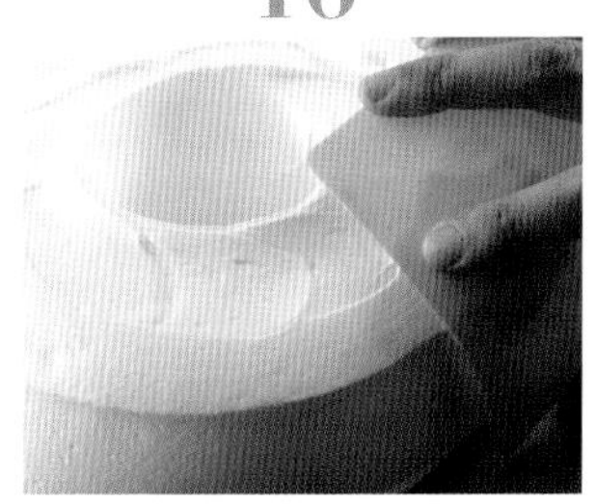

刮板的使用技巧：

1. 将刮板凹成符合蛋糕弧度的圆角状。按住刮板的手不动，另一手转动转盘，让蛋糕转动。
2. 先从最下面的圆弧开始推平，再往顶部一圈一圈地推抹修平。

17

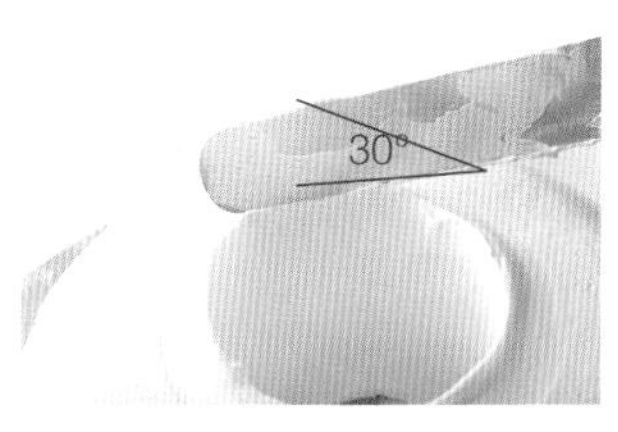

天使光环最上方靠近内圈的不平整处，则借助抹刀，刀面与蛋糕面成 30° 斜角，刀面维持不动，仅转动蛋糕转台。

18

修饰完成的鲜奶油表面，可以按个人口味偏好，装饰一些白巧克力片、马卡龙、杏仁粒等。

柳橙天使蛋糕

蛋糕里的蜜渍橘子丁，仿佛点缀在皑皑白雪中的橙色花瓣

材料

A. 蛋糕面糊

蛋白……80g
细砂糖①……25g
蜜渍橘子丁……30g
牛奶……40g
无铝泡打粉……2g
塔塔粉……2g
色拉油……40g
低筋面粉……85g

B. 蛋糕体（蛋白霜）

细砂糖②……100g
蛋白……160g

C. 抹酱

橙香鲜奶油（植物鲜奶油打发后，拌入适量橙皮碎屑）……300g

参考数据

烘烤时间	30分钟
烘焙温度	上火180℃ 下火160℃

模具：天使蛋糕模

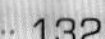

完美步骤

1

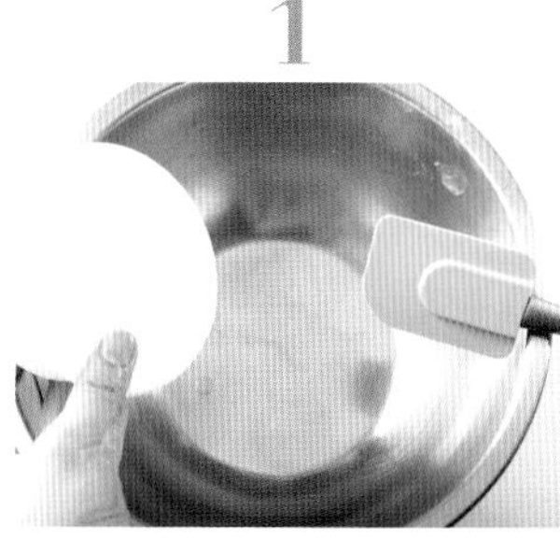

5

2

6

3

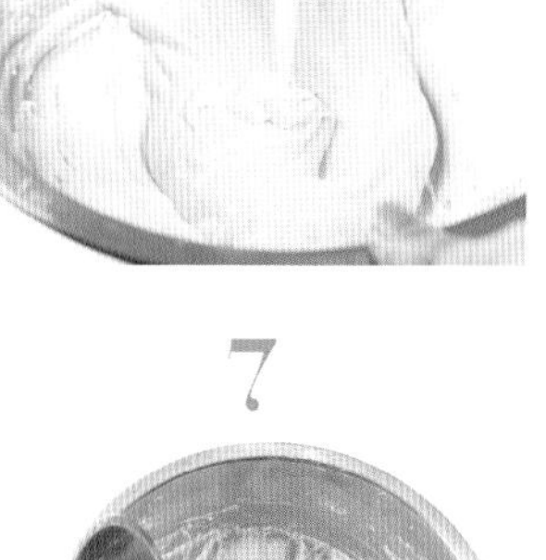

7

4

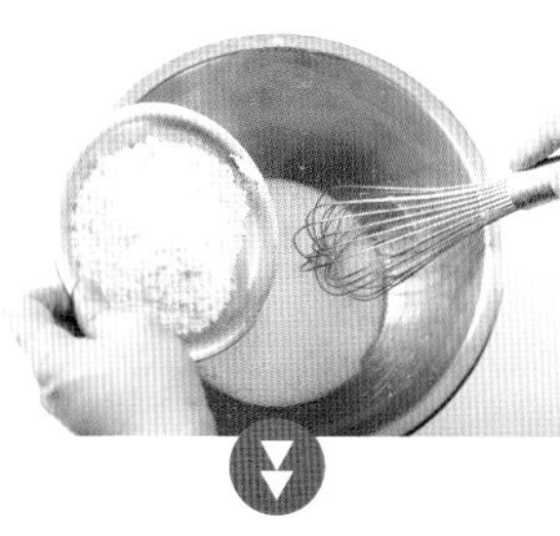

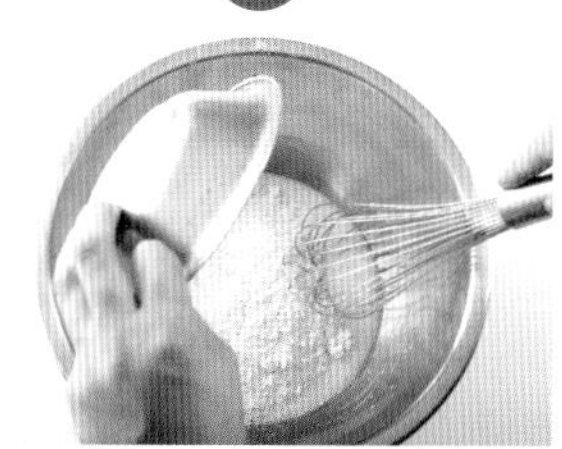

❶ 在搅拌盆中倒入牛奶和色拉油。

❷ 加入面糊材料 A 中 2/3 的蛋白拌匀。

❸ 加入细砂糖①，搅拌至无沙沙声。

❹ 分 2 次加入过筛后的低筋面粉、塔塔粉、泡打粉，搅拌至无粉粒感。

❺ 倒入面糊材料 A 里面另外 1/3 蛋白。

❻ 搅拌至呈光滑的乳霜状即可，不要过度搅拌。

❼ 拌入切成细末的蜜渍橘子丁。

后面同原味天使蛋糕做法 6 ~ 18

Point

制作蛋白面糊时，为什么要把蛋白拆成 2 个步骤混合（加面粉前、加面粉后）？

制作天使蛋糕的蛋白面糊时，把蛋白分成 2 份，分别于加面粉前和加面粉后混入拌匀，可以避免蛋白太快消泡，让天使蛋糕的成品更为松软，膨胀率也会更完美。

Q&A 常见的问题与解答

Q1 为什么天使蛋糕成品不够雪白，吃起来有化学怪味?

答 蛋白不够新鲜，泡打粉加太多

天使蛋糕完全不含蛋黄，只有大量的蛋白，考虑到蛋白是碱性物质，再加上油脂含量不高，所以大部分的天使蛋糕配方中，都会添加塔塔粉（带酸性），或以泡打粉（中性）取代，用以平衡蛋白的碱性，让蛋白霜的泡沫更洁白、更稳定，可以打出体积较大、较有韧性的蛋白霜结构。

此外，也可以在打发蛋白时加点柠檬汁，功能和塔塔粉是一样的，比例为 1 茶匙塔塔粉兑换 1 大匙柠檬汁。

当蛋白不够新鲜时，蛋白霜不但可能打不发，而且容易消泡，蛋腥味也会比新鲜鸡蛋来得重，甚至让天使蛋糕看起来不够雪白。

蛋糕色泽微黄 NG

蛋白不够新鲜，会让天使蛋糕成品色泽不够雪白，口感、风味也都会相对变差。

蛋糕色泽雪白 OK

成色洁白、结构稳定的蛋白霜，可以烤制出外观几近雪白无瑕的超完美天使蛋糕。

Q2 为什么不易脱模，常把天使光环破坏了?

答 出炉后，一定要倒扣，放至全凉再脱模

别怀疑，徒手脱模会比使用脱模刀更完美！因为环形烤模本身具有弧度，一般脱模刀很难找到最佳的切入点施力。而且使用脱模刀脱模，靠的是拉锯动作，这会让蛋糕在剥离烤模的过程中产生更多碎屑，但徒手扒离反而比较不会掉屑。

天使蛋糕出炉后，一定要倒扣，放至全凉再脱模。用手沿着蛋糕四周慢慢扒开即可，过程中一定要稍微按压蛋糕表面，才能顺利剥离！不必担心蛋糕会被压到变形，因为打发成功的蛋糕结构，回弹力很好，一下子就能恢复原状的。

断裂的天使光环

蛋糕还微温时，就以“抠剥”的手法来脱模，很容易让光环断裂！

标准的天使光环

放凉后的天使蛋糕，弹性十足，就算按压它，也不会扁塌。

Q3 倒进烤模时，为什么才敲震一下就消泡了，成品明显矮小?

答 蛋白霜没打好，或混拌不均匀

天使蛋糕的挺度，全靠蛋白霜支撑，蛋白霜打发程度不足，或在拌和蛋白面糊与蛋白霜时过度搅拌，都会让天使蛋糕面糊的空气含量变少，因此倒进烤模时，虽然才敲震一下，但面糊却马上就消泡了。

打发完美的蛋白霜，应具有光泽感，用搅拌器勾起蛋白霜时，霜体尾部是线条感明显的尖角，回压霜体时，可以感觉到黏着力及扎实感，而非乳霜状或结成一坨的棉花糖状。混拌蛋白面糊与蛋白霜时，混拌完成的面糊质地，会比海绵蛋糕面糊稍微硬挺些，提起搅拌器时，流淌下来的面糊不会马上化开在面糊里，才是最佳状态。

蛋糕明显矮了 1/3

将已经消泡的面糊送进烤箱后，蛋糕明显胀不高，气孔形状是扁长形。

完美膨发的蛋糕结构

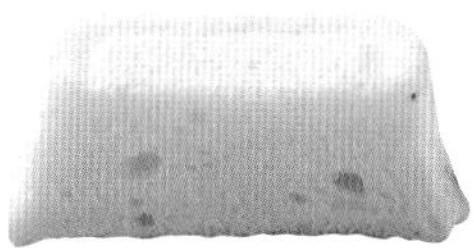

充分打发且完全拌和的天使蛋糕，质地十分轻柔，气孔形状是圆形。

Q4 为什么天使光环的横切面布满孔洞，口感不够细致?

答 炉温太高，或是进烤箱前没有敲震 2 下

烤制天使蛋糕时，下火通常会比上火低一些，所以蛋糕表面不会裂开，膨胀高度也不比戚风蛋糕高，因此面糊入模时通常可以装到九分满的高度。

不过，也因为天使蛋糕的面糊质地比较轻盈，当使用的烤模深度越高时，极有可能连烤模底部都黏附不完全，就直接黏附在烤模上半部了，所以进烤箱前一定要敲震 2 下，才能让面糊在烤模里分布得更平均，烤出来的蛋糕才不会有大小不一的孔洞。

底部和横切面布满孔洞 NG

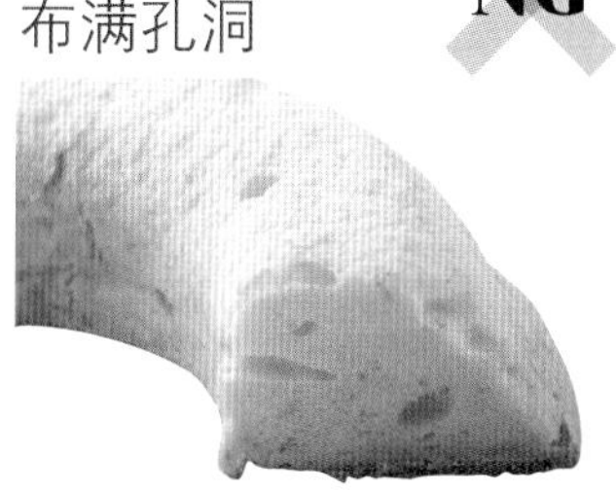

横切面出现大大小小的孔洞时，大部分原因都是送进烤箱前，忘了做敲震烤模的动作！

表面微酥、上色太深、大型孔洞 NG

烤制过程中，烤箱温度太高，成品口感偏硬，切开蛋糕时，表皮微酥，内部也不够松软。

波士顿派

Boston Cream Pie

外表看起来像派，内在却是松软的戚风蛋糕与香滑顺口的鲜奶油馅

材料

A. 蛋糕面糊

蛋黄……125g
细砂糖……25g
香草豆荚酱……5g
低筋面粉……70g
色拉油……20g
牛奶……40g
无铝泡打粉……2g
蛋白……155g
细砂糖……75g

B. 香堤鲜奶油

动物性鲜奶油……200g
细砂糖……25g
香草豆荚酱……5g
白兰地酒……5g

参考数据

烘烤时间	30 分钟
烘焙温度	上火 180℃ 下火 160℃

模具：9 寸派盘

完美步骤

从鲜奶油水果戚风蛋糕做法 15 开始

Start

1

将面糊倒入派盘。不要使用不粘模，派盘里面也不可涂油。

2

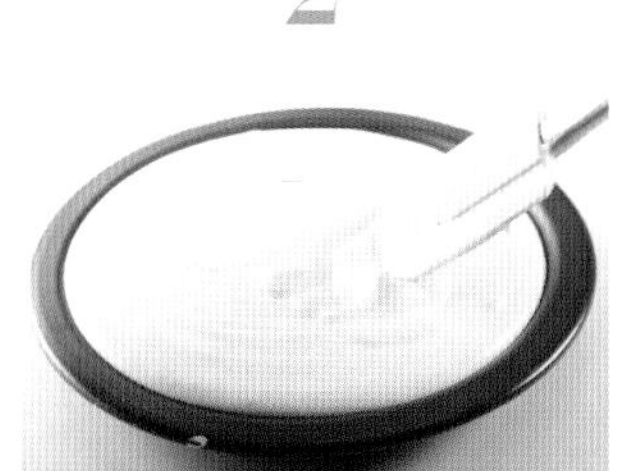

利用刮刀将面糊表面尽量推抹成球面般的丘陵状。敲震 2 下后，送进烤箱。

3

烤好的波士顿派顶部呈现完美的小山丘状，且无裂痕！

4

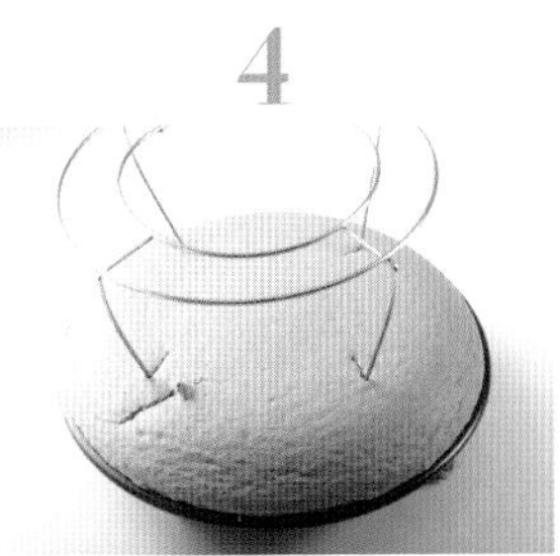

插入蛋糕倒扣架。

5

将派盘倒扣放凉。

6 将波士顿派从派盘上取下，横切成 2 块圆形蛋糕片。

7 将底层蛋糕片放在转台上，铺上一层香堤鲜奶油。涂抹香堤鲜奶油时，要抹成中间高、周围低的圆拱形，涂得不太平整也没关系。

TIPS

香堤鲜奶油的制作方法参考 P147 原味瑞士卷的做法 18

8 最后，再铺上波士顿派的派顶，并用手轻压，稍微压实，修整派缘溢出的香堤鲜奶油。

9 放入冰箱冷藏。食用前，再撒上装饰用的防潮糖粉或奶粉即可。

Point

内馅就抹上口感更优雅的香堤鲜奶油吧！

一般鲜奶油，不管是动物性还是植物性，即使不加糖，都可以打发成像冰淇淋般的鲜奶油质地。而香堤鲜奶油其实就是液态鲜奶油加糖一起打发的鲜奶油统称，除了糖之外，打发过程中还可以加入朗姆酒、香草酱、白兰地、樱桃甜酒、巧克力甜酒等来增添风味。作为内馅使用的香堤鲜奶油，须打至八分发。

巧克力波士顿派

巧克力戚风蛋糕、巧克力鲜奶油，再加上巧克力粉，苦中带甜的醇郁滋味

材料

A. 蛋糕面糊

热水……65g
高脂可可粉……12g
小苏打粉……1g
无铝泡打粉……2g
色拉油……60g
低筋面粉……65g
蛋黄……60g
蛋白……140g
细砂糖……120g
盐……1g

B. 内馅（甘纳许＋鲜奶油霜）

甘纳许……100g
鲜奶油霜（打至五六分发）……250g

●甘纳许做法可参考欧培拉蛋糕

参考数据

烘烤时间	30分钟
烘焙温度	上火180℃ 下火160℃

模具：9寸派盘

完美步骤

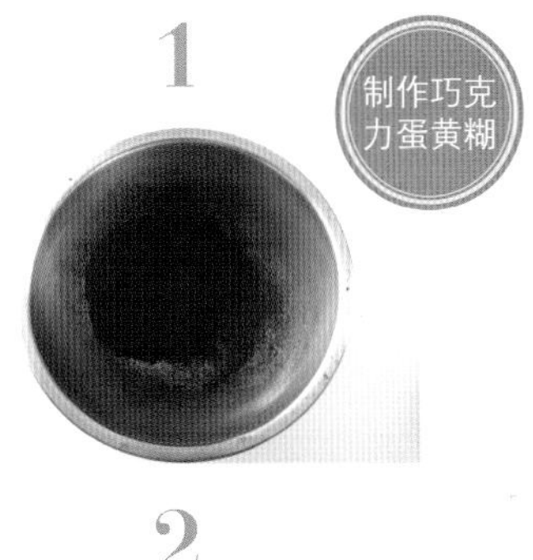

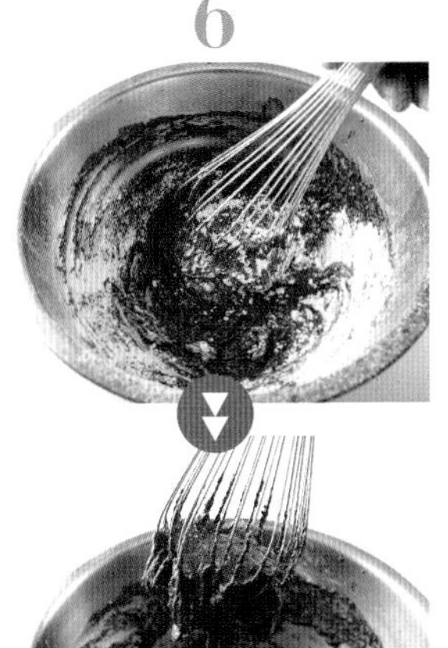

❶ 制作巧克力蛋黄糊：在搅拌盆内放入高脂可可粉、盐。

❷ 倒入热水，温度为一般饮水机的 88 ~ 100℃皆可。

❸ 搅拌可可粉至完全溶解、无粒感。

❹ 加入色拉油，搅拌均匀。

❺ 放入过筛后的低筋面粉、泡打粉、小苏打粉。

❻ 搅拌至均匀无粉粒感。

❼ 分 2 次拌入蛋黄。

❽ 搅拌至具光泽感、无颗粒感的乳液状。

❾ 制作蛋白霜：砂糖分 3 次加入蛋白中，最后再以中高速打到蛋白泡泡拉起来时会有短小且直立的尖角后，转低速续打 2 ~ 3 分钟，去除大气泡，让蛋白霜变得更细致、有光泽。

完美步骤

Start

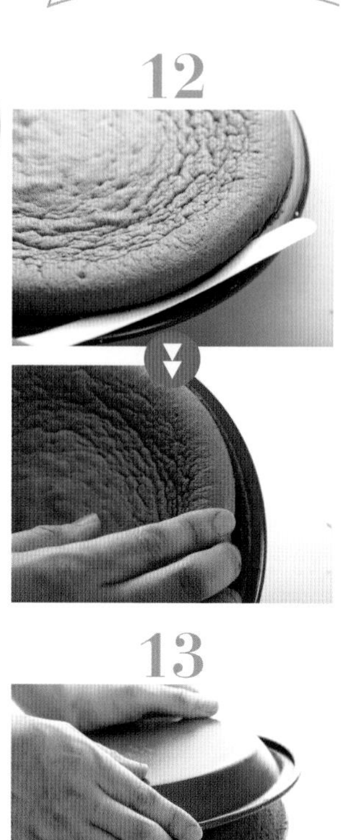

❿ 混拌巧克力蛋黄糊与蛋白霜：取 1/3 蛋白霜至搅拌好的巧克力蛋黄糊中。混拌至与巧克力蛋黄糊相近的质地。加入另外 2/3 蛋白霜。一手扶住搅拌盆并转动盆身，另一手则维持切拌的动作，以切入再翻转的方式，将巧克力蛋黄糊与蛋白霜拌匀。混拌至巧克力面糊产生光泽，舀起面糊时，流下来的面糊可以形成漂亮的折痕。

⓫ 将面糊倒入派盘，堆出微微隆起的球面，并以橡皮刮刀去除表面的大气泡和折痕。将派盘于桌上敲震 2 下，再送进预热好的烤箱。

⓬ 波士顿派放凉后，以脱模刀或一般奶油抹刀，沿着派盘边缘刮一圈。先倒扣派盘，从侧面 45° 先敲震 4 ~ 5 下，再徒手将波士顿派从派模中取出（按压技巧同天使蛋糕）。

⓭ 将波士顿派倒扣在工作台上，一手从侧面慢慢提起派模，另一手则稍微使力把还粘在派模底部的蛋糕按压下来。

⓮ 一手轻轻压着蛋糕表面，并使用锯齿刀将蛋糕横切成 2 块圆形蛋糕片。

Point

巧克力鲜奶油内馅怎么做？

将稍微放凉后的甘纳许一次倒入打至五六分发的鲜奶油霜中。此时，应以手持式搅拌器将两者拌匀，不建议使用电动搅拌器，以免搅打过头，打至 7 ~ 8 分钟即可，放至冰箱冷藏。

完美步骤

15

16

⑮ 将底层蛋糕片放在转台上，铺上一层巧克力甘纳许内馅。涂抹时，要抹成中间高、周围低的圆拱形。

⑯ 最后再铺上波士顿派的派顶，并用手轻压，稍微压实，修整派缘溢出的馅料。放入冰箱冷藏。食用前，撒上装饰用的防潮巧克力粉。

Point

用脱模刀搭配灵巧双手，就能完美脱模！

若使用硅胶派模，待波士顿派完全冷却，将派模轻轻掰几下，派士顿派就能完美脱离派模。若使用的是金属模，可以先借助蛋糕脱模刀或一般奶油抹刀，沿着派盘边缘刮一圈，再利用橡皮刮刀或曲柄脱模刀的前刃，慢慢伸进派盘底部前 1/4 的位置，以手扶住蛋糕，轻轻刮一圈；最后将波士顿派倒扣在工作台上，一手从侧面慢慢提起派模，另一手则稍微使力把还粘在派模底部的蛋糕按压下来即可。

Q&A 常见的问题与解答

Q1 为什么烤出来不是完美的小山丘状?

答 入模时，就要用抹刀抹成小山丘状

波士顿派其实就是把戚风蛋糕面糊放到派盘里去烤的变化版！所以口感吃起来其实非常像戚风蛋糕，不过，由于派盘的深度不像戚风蛋糕模那么深，所以烘焙新手常因为担心面糊溢出而只填入八九分满而已，导致烤不出漂亮的小山丘状。

关键技巧在于入模时，必须是满模的状态，而且要用抹刀抹成小山丘状，而不是平模入烤箱。但也不必真的把表面涂到光洁无瑕，只要没有明显的勾痕、折痕或气孔即可。进烤箱前，记得要先敲震 2 下，出炉后，则要立刻倒扣放凉，再进行脱模的动作。

完美的小山丘

将面糊倒入派盘，就已经堆出微微隆起的半球面，并抹平面糊表面的大气泡和折痕。

表面膨不起来

采取和戚风蛋糕相同的入模方式，面糊只有八分满，而且刻意抹平表面。

Q2 为什么鲜奶油馅撑不住蛋糕体的重量，内馅从旁边流出来?

答 鲜奶油没打到像冰淇淋状，或鲜奶油已经退冰

波士顿派的鲜奶油内馅可以打到九分发左右，质地大概像冰淇淋状，略带硬度，以搅拌器提出鲜奶油时，是有点像舀起冰淇淋的挺发状态。香堤鲜奶油与糖的打发比例大约是 10∶1，若担心糖分摄取过高，可以减至 10∶0.5，甚至都不加糖，也可以顺利打发。但不能加太多糖，因为过多的糖分反而会让鲜奶油不易充满空气，打出来的鲜奶油很容易消泡，这一点要特别注意。

打好的鲜奶油要立刻放进冰箱冷藏，要夹馅时再拿出来使用，长时间静置于室温下，很容易液化成乳状。

口感扎实绵滑的鲜奶油馅

作为夹心内馅的鲜奶油通常打到九分发，可拌入其他口味的馅料做变化。

支撑力不够的鲜奶油馅

鲜奶油馅打发不足，稍嫌柔软，蛋糕片一盖上去，内馅就从旁边流出来。

Q3 为什么糖粉撒到波士顿派表面，一下就受潮、变色了？

答 可以选择装饰用的防潮糖粉

波士顿派准备切片、食用之前，再撒糖粉。另外，市面上也买得到抗潮性较强，颜色白皙、雪亮的防潮糖粉，这种糖粉就算先撒在波士顿派表面，再送进冰箱冷藏也不会受潮、结块或融化。

早期，防潮糖粉刚推出时，因为比较着重于防潮性，所以在制作时，会以糖粉的干燥度及防潮性为首要考量，但糖粉太干太松的结果，就是附着力不佳，再加上现在很多人看到淀粉两字就会联想到修饰性淀粉，担心防潮糖粉内的添加物是否能直接食用等。如果用量不大，对成品的外貌也不是那么在意，使用一般糖粉，切片前再撒就可以了。

糖粉受潮崩裂、出现孔隙 NG

糖粉会吸收蛋糕体和空气中的水汽，静置一段时间，表面就会潮化，出现块状裂纹和孔洞。

Q4 为什么以纽扣（苦甜）巧克力取代可可粉，导致巧克力面糊水乳分离了？

答 加入低筋面粉，即具增稠、凝聚作用

蛋黄糊的配方比例不对，没有翻拌均匀，油脂没有充分乳化等，都可能造成蛋黄糊搅拌不完全。若感觉面糊貌似水乳分离，可以再加入一些低筋面粉，即具有增稠、凝聚作用，帮助蛋黄糊搅拌顺利。

尤其是巧克力粉与巧克力砖、纽扣（苦甜）巧克力，彼此间若作为替代性使用时，公式为：

- 以可可粉取代纽扣巧克力时→可可粉用量＝纽扣巧克力用量 ×0.62→并增加油脂用量＝纽扣巧克力用量 ×0.18
- 以纽扣巧克力取代可可粉时→纽扣巧克力用量＝可可粉用量 ×1.5→并减少油脂用量＝可可粉用量 ×0.3

湿度太高的巧克力面糊 NG

熔化后的苦甜巧克力油脂，让蛋黄面糊呈现水乳分离状。

面糊无法充分糊化 NG

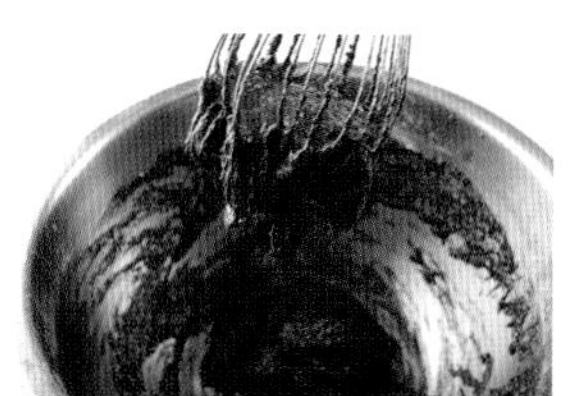

以搅拌器提起巧克力面糊时，感觉稀稀水水的，没有光泽感。

解决方法

酌量加入少许低筋面粉。就可以把看似油水分离的状态重新凝结起来。

原味瑞士卷

Swiss Roll

简单却又充满魅力的甜蜜滋味，就像这样“卷”起来吧！

材料

A. 蛋糕面糊

- 蛋白……100g
- 细砂糖①……60g
- 色拉油……50g
- 牛奶……70g
- 低筋面粉……100g
- 泡打粉……2g
- 蛋黄……50g
- 细砂糖②……60g
- 白兰地酒……5g

B. 内馅（香堤鲜奶油）

- 动物性鲜奶油……200g
- 细砂糖……25g
- 香草豆荚酱……5g
- 白兰地酒……5g

参考数据

烘烤时间	25 分钟
烘焙温度	上火 180℃ 下火 180℃

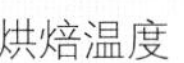

模具：平盘烤模（40cm×30cm）

完美步骤

制作蛋黄糊

1

搅拌盆内放入温牛奶（30～45℃）和细砂糖①。

2

加入白兰地酒。

3

倒入色拉油。

4

先用搅拌器搅拌均匀。

5

加入过筛后的低筋面粉、泡打粉。

6

先以动作较轻柔的画圆圈方式，让面粉均匀拌入已混合色拉油的牛奶里。

7

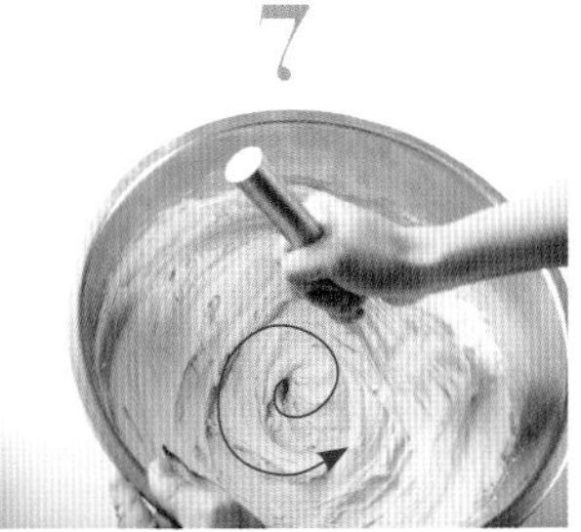

再以快速画圆的方式，充分拌匀牛奶面糊。

8

搅打至无粉粒感、质地细腻的面糊。

9

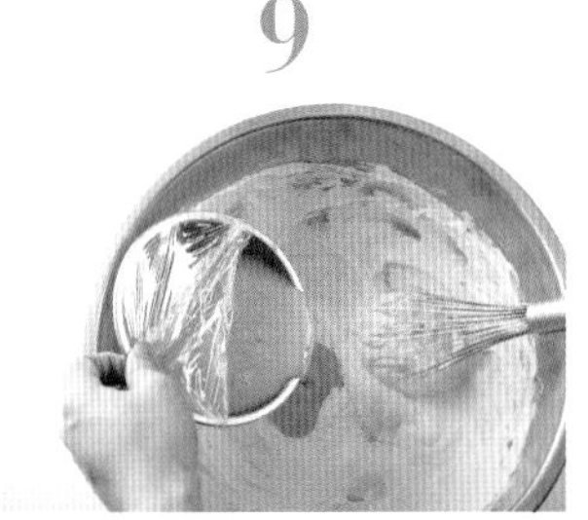

在面糊中加入打散的蛋黄。

Start

10

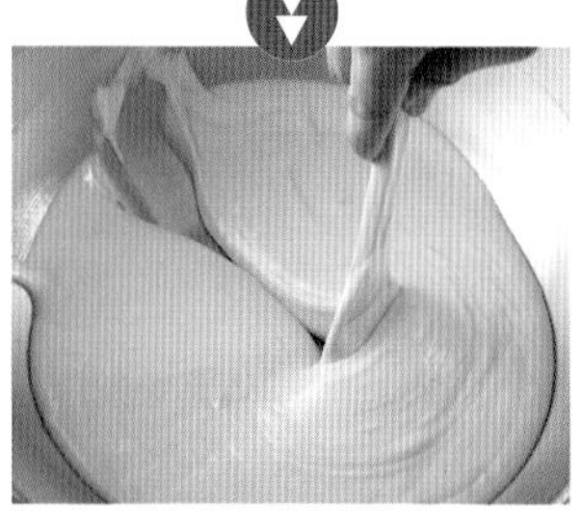

用搅拌器，以画圆圈的方式拌匀。一开始会感觉比较难立刻拌匀，但大概五六下之后就开始变滑顺了。
混合成具光泽感的蛋黄糊后，可用橡皮刮刀再压拌几下，并搭配刮盆的动作，确认盆底没有结块或沉淀。放置一旁备用。

11

制作蛋白霜

在搅拌盆里放入全部蛋白，用电动搅拌器搅拌。

12

低速搅拌至蛋白出现大量的大气泡时，加入1/3砂糖②，并转至中速；打至五六分发时，再加入1/3砂糖②。

13

当蛋白霜开始变得更蓬松时，加入最后1/3砂糖②，并转至中高速。搅拌至抬起搅拌器，出现硬挺的小尖角后，即转慢速，再搅拌2～3分钟，去除大气泡。

14

拌和蛋白霜与蛋黄糊

取1/3蛋白霜至搅拌完成的蛋黄糊中，并混拌至与蛋黄糊相近的质地。

15

再倒入刚刚剩下的2/3蛋白霜，以切入再翻转的方式，将蛋黄糊与蛋白霜拌匀。混拌至面糊产生光泽，舀起面糊时，流下来的面糊可以形成漂亮的带状折痕。

16

方形平盘烤模中，事先铺上烘焙纸（或油布）。将面糊均匀倒入烤模，并以抹刀朝烤模的4个边角抹开面糊。

17

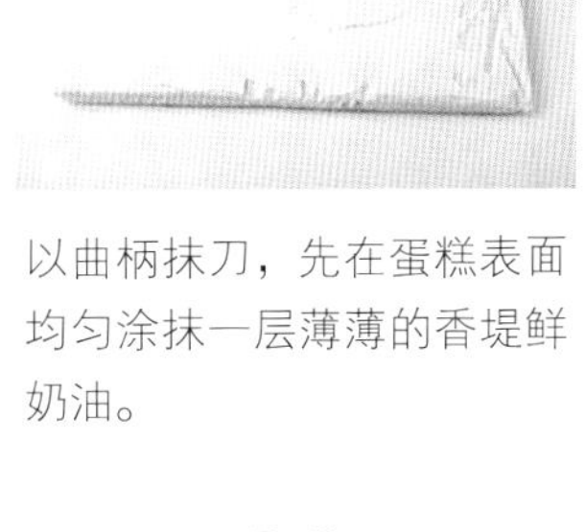

以 30° 倾斜角度，朝同一方向推平面糊表面；敲震烤盘后，送入烤箱。

18

制作香堤鲜奶油馅

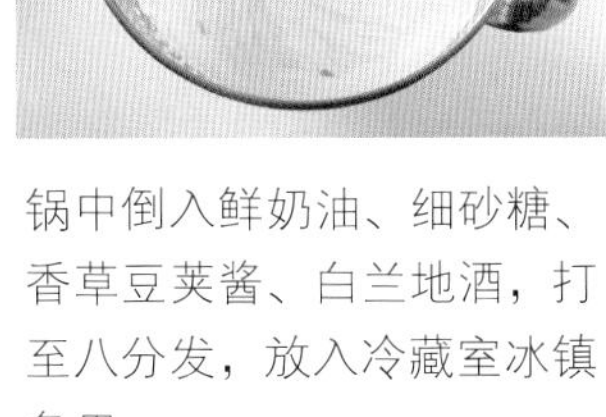

锅中倒入鲜奶油、细砂糖、香草豆荚酱、白兰地酒，打至八分发，放入冷藏室冰镇备用。

19

瑞士卷这么卷

桌面铺上一张比烤模略大的防粘纸，将放凉的瑞士卷蛋糕片从方形烤模中倒扣至桌面（上色那面朝下）；靠近身体这侧与蛋糕两侧，纸缘至少要预留 5cm，末端（离自己最远的那侧）则需预留 10cm 左右。接下来撕去蛋糕表面的烘焙纸（或油布）。

20

以曲柄抹刀，先在蛋糕表面均匀涂抹一层薄薄的香堤鲜奶油。

21

刀面与蛋糕抹面要平行贴合，由内向左右两侧推平。蛋糕边缘不能涂太厚。

22

将香堤鲜奶油馅放入挤花袋中，在卷动的起点（也就是靠近自己这一头的蛋糕边缘）预留 3cm 空白，平行挤入一道圆形的香堤鲜奶油馅。

23

取一圆形直棍（可用擀面杖取代），垫在防粘纸下方。

24

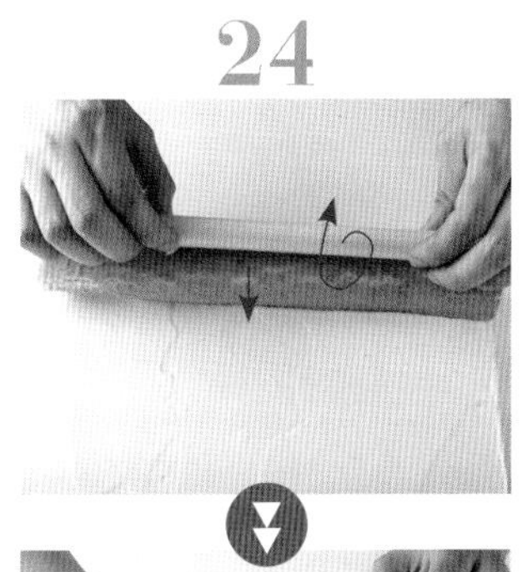

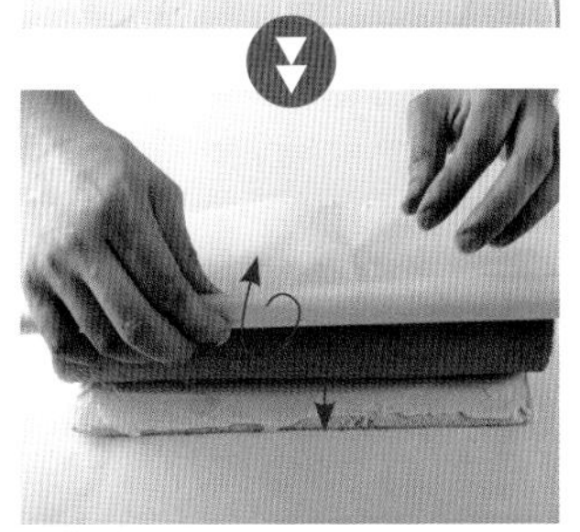

双手扶住圆棍两头，拉起防粘纸，将瑞士卷往前卷，包覆刚刚挤好的那道内馅；同时将防粘纸朝反方向卷收至棍身。

再次拉起防粘纸，将蛋糕片往前卷动一圈，一样要将防粘纸朝反方向同步卷收至棍身。

Start

25

重复相同步骤至蛋糕卷毕。此时可将圆棍移开，改以双手收紧瑞士卷。

26

若担心瑞士卷不够紧实，可用长尺辅助，一手将纸头压进瑞士卷下方，另一手则将纸尾往反方向施力，以拉紧的方式，让瑞士卷变得更圆、更紧！

27

完成后的瑞士卷，正中央的香堤鲜奶油馅料饱满，蛋糕没有裂痕，侧面轮廓完美。

Point 如何顺利取出蛋糕片？又该如何倒扣，才不会破裂？

在蛋糕片的上方盖一层不粘的烘焙纸或油布，上面再盖上另一个烤盘或是木板等硬物，一手压着烤模下方，一手压着刚刚覆盖上去的板状硬物，倒翻过来，拿掉原来烤模，轻轻撕掉烘焙纸或油布，再重新覆盖回去帮助蛋糕体保湿，即完成倒扣动作。

芋泥卷

绵 密 软 Q 的 芋 泥 馅 ， 是 独 特 的 瑞 士 卷 口 味

材料

A. 蛋糕面糊

材料	用量
蛋白	100g
细砂糖①	60g
色拉油	50g
牛奶	70g
低筋面粉	100g
泡打粉	2g
蛋黄	50g
细砂糖②	60g
白兰地酒	5g

B. 内馅（芋泥鲜奶油）

材料	用量
蒸熟的芋头	500g
六七分发的植物性鲜奶油	200g
细砂糖	适量

参考数据

烘烤时间	25 分钟
烘焙温度	上火 180℃ 下火 180℃

模具：平盘烤模（40cm×30cm）

准备工作

制作芋泥鲜奶油馅：将蒸熟的芋头捣碎或碾碎，拌入少许糖调味；再拌入打至六七分发的鲜奶油中，放入冷藏室冰镇备用。

从原味瑞士卷做法 17 开始

1. 桌面铺上一张比烤模略大的防粘纸，将放凉的瑞士卷蛋糕片从方形烤模中倒扣至桌面（上色那面朝下），以曲柄抹刀，先在蛋糕表面均匀涂抹一层薄薄的芋泥鲜奶油馅。
2. 将芋泥鲜奶油馅装入挤花袋中，在卷动的起点处预留 3cm 空白，平行挤入一道圆形的芋泥鲜奶油馅。
3. 平行挤入第二道芋泥鲜奶油馅。
4. 第三道叠在两道芋泥鲜奶油馅的正上方。
5. 取一圆形直棍，垫在防粘纸下方。双手扶住圆棍两头，拉起防粘纸，将瑞士卷往前卷，包覆刚刚挤出来的那三道内馅；同时将防粘纸朝反方向卷收至棍身。
6. 重复相同步骤至蛋糕卷毕。

TIPS

卷法请参考原味瑞士卷做法 23 ~ 27

变·化·款

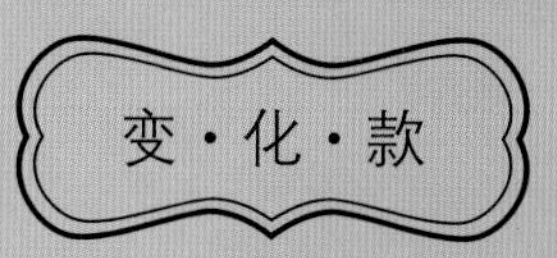

虎皮卷

外 形 抢 眼 的 虎 皮 卷 ， 金 黄 色 外 皮 散 发 着 浓 浓 的 蛋 香

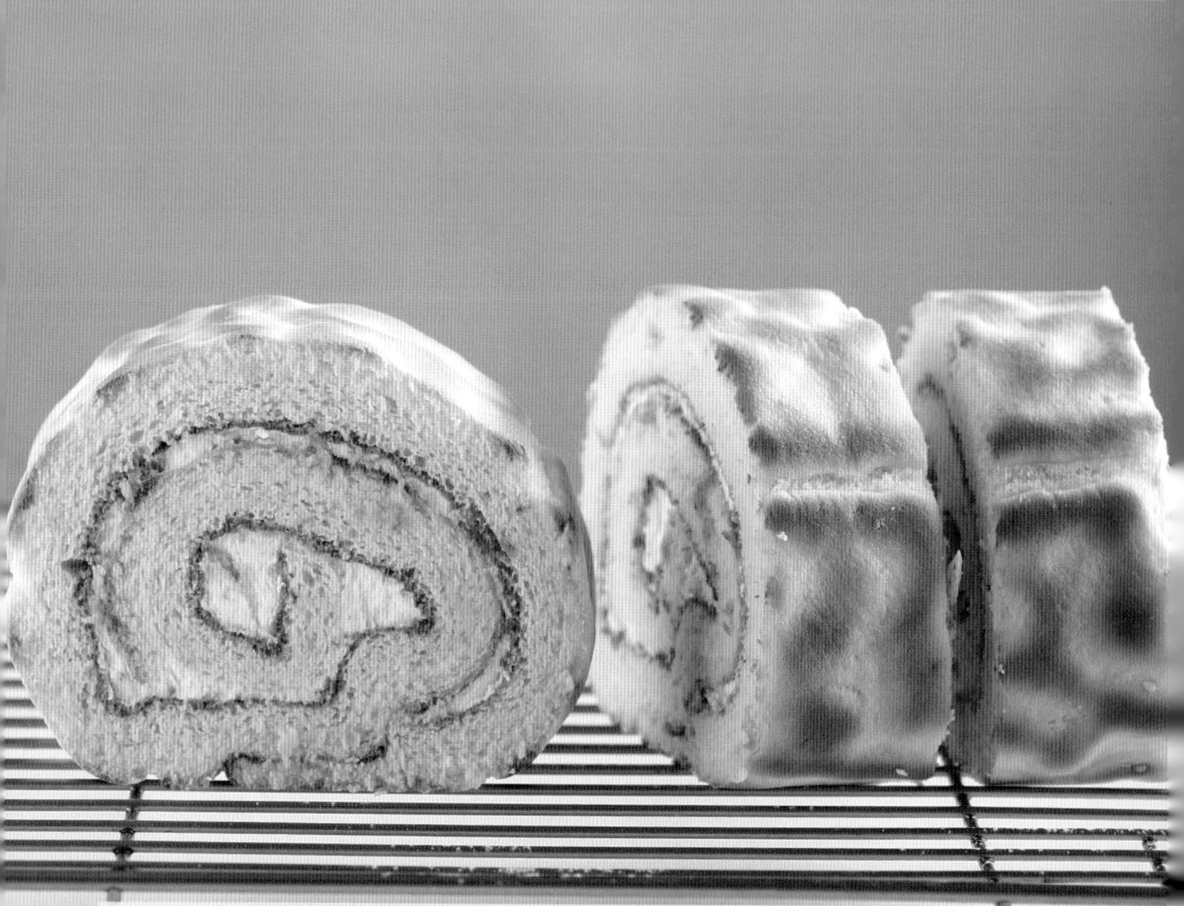

材料

A. 蛋糕面糊（戚风蛋糕）

蛋白……100g
细砂糖①……60g
色拉油……50g
牛奶……70g
低筋面粉……100g
泡打粉……2g
蛋黄……50g
细砂糖②……60g
白兰地酒……5g

B. 虎皮面糊

蛋黄……450g
细砂糖……90g
糖粉……45g
玉米粉……45g

C. 内馅（卡士达鲜奶油）

卡士达酱……150g
植物性鲜奶油（打至九分发）……150g

参考数据

虎皮

烘烤时间	8分钟
烘焙温度	上火250℃ 下火200℃

戚风蛋糕

烘烤时间	8分钟
烘焙温度	上火180℃ 下火160℃

模具：平盘烤模2个

完美步骤

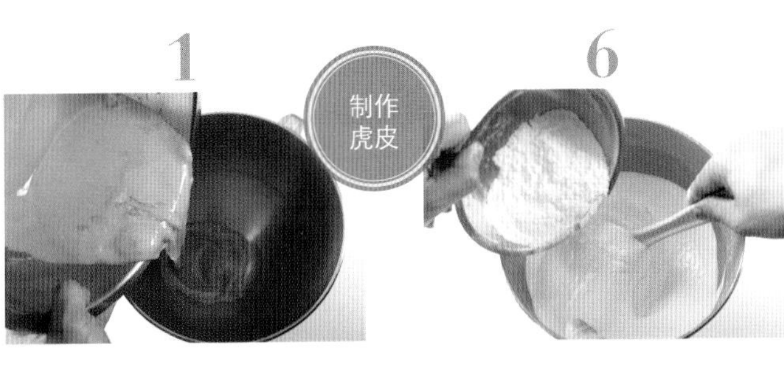

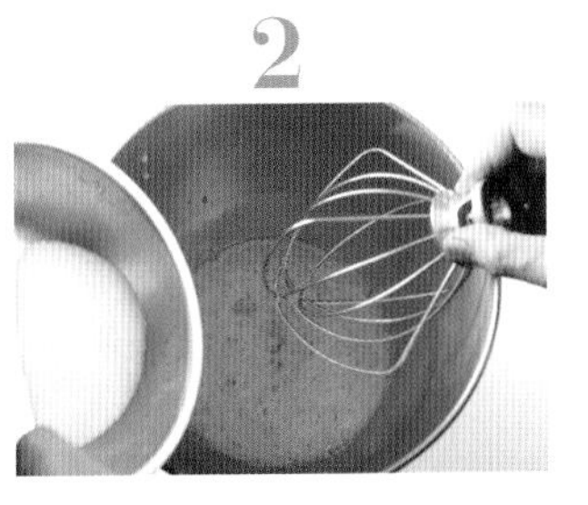

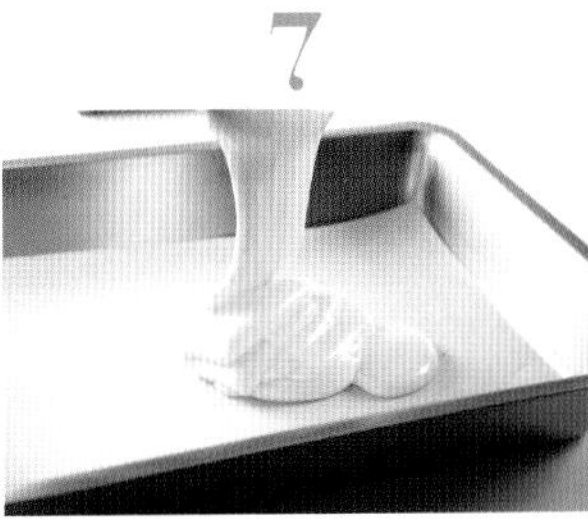

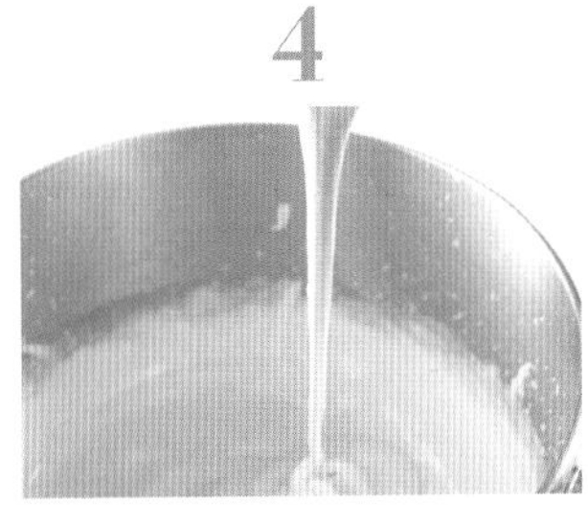

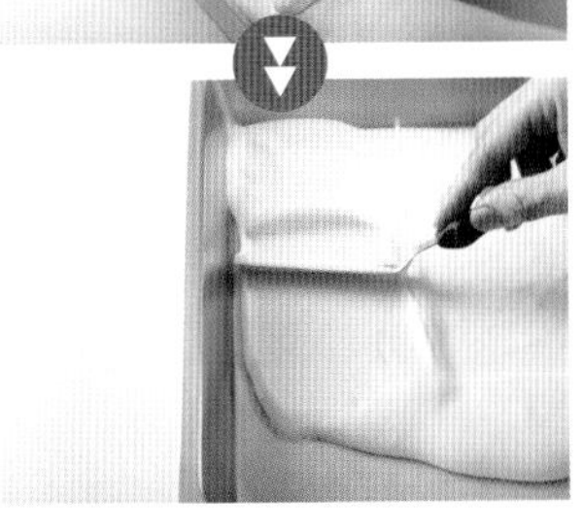

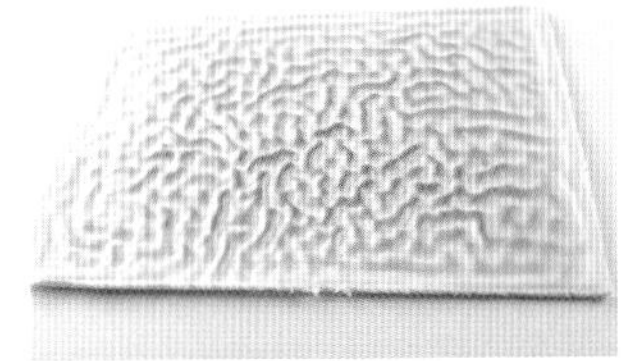

戚风蛋糕片的做法请参考
原味瑞士卷做法 1 ~ 17

1. 制作虎皮：在搅拌盆里放入蛋黄。
2. 倒入细砂糖。
3. 用电动搅拌器以高速搅打。
4. 搅打至蛋黄糊体积变大、颜色变成乳白色。
5. 将糖粉和玉米粉过筛，并混拌均匀。
6. 将粉类倒入蛋黄糊里，以橡皮刮刀拌匀。

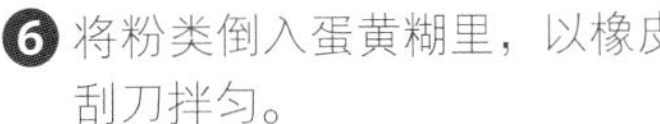

7. 准备一个方形烤盘，底部铺上烘焙纸后，倒入虎皮面糊。
8. 以曲柄抹刀，将面糊均匀涂抹于烤盘内，厚度约 0.8cm。先敲震烤盘 2 下，再送入预热完成的烤箱。
9. 从烤盘内取出虎皮，正面朝上，放凉即可。

完美步骤

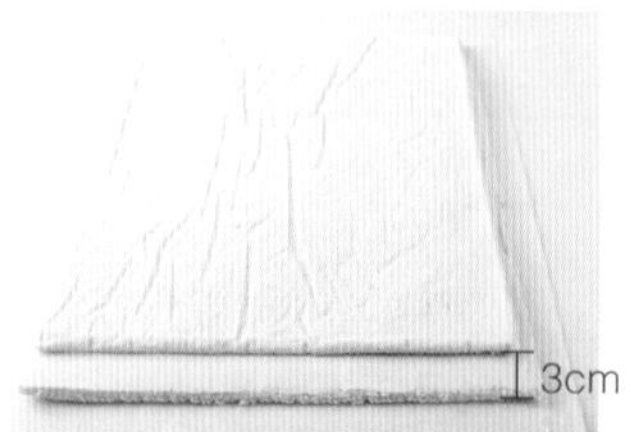

⑩ 准备一张大型的防粘纸。虎皮朝下，朝上的那面涂上一层薄薄、能够紧紧黏附蛋糕卷主体的卡士达鲜奶油。

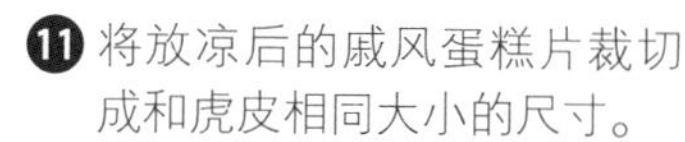

⑪ 将放凉后的戚风蛋糕片裁切成和虎皮相同大小的尺寸。

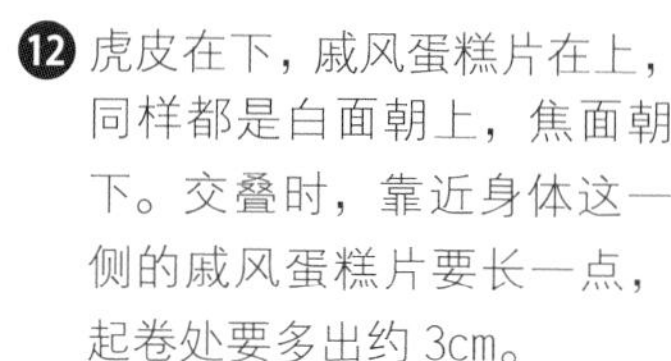

⑫ 虎皮在下，戚风蛋糕片在上，同样都是白面朝上，焦面朝下。交叠时，靠近身体这一侧的戚风蛋糕片要长一点，起卷处要多出约 3cm。

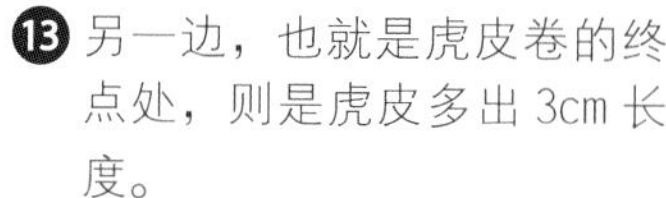

⑬ 另一边，也就是虎皮卷的终点处，则是虎皮多出 3cm 长度。

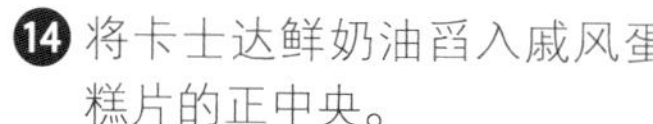

⑭ 将卡士达鲜奶油舀入戚风蛋糕片的正中央。

⑮ 由正中央向 4 个边角，均匀涂抹一层卡士达鲜奶油。

TIPS

卷法请参考**原味瑞士卷做法 23 ~ 27**

Point

虎皮卷的皮要薄，肉要厚

把面糊送进烤箱烘烤之前，虎皮卷的皮、肉比例就要正确！虎皮卷的面糊高度大约 0.8cm，而戚风蛋糕面糊的高度则要高出 1 倍左右，约 1.5cm。两层交叠时，都是白面朝上，焦面朝下，包卷起来的蛋糕切片纹路才会清晰、漂亮。

Q&A 常见的问题与解答

Q1 为什么卷蛋糕时常会断裂?

答 蛋糕体烤得太干或施力不当

为了让瑞士卷均匀上色，或防止卷动时出现脱皮的情况，通常会多烤2～3分钟，或开启旋风功能协助上色，但就是因为这些固色、固皮的动作，往往让蛋糕烤过头，蛋糕体变得太干，所以一卷动就容易出现断裂的情况。

另外一个容易卷断的位置，就是蛋糕卷的起始点，尤其是戚风蛋糕片烤得较厚时，比较不容易一开始就定位，因为太过用力，蛋糕可能一开始就被弄断，但力度不足的话，蛋糕又卷不起来。建议可以先用锯齿刀把靠近自己身体这一侧的蛋糕片横划2～3刀（不切断），会比较容易卷起。

一卷就裂  NG

外形圆润饱满  OK

当蛋糕体烤得太干，或厚度太厚或太薄时，卷动的力度要更轻，以免在定型过程中断裂!

卷动蛋糕片时，力度适中，内馅比例完美。

Chapter 3 超完美蛋糕制作 这样做不失败!

Q2 为什么无法烤出漂亮的虎皮纹?

答 打发不足、烘烤过头，或没加糖粉

烘烤虎皮时，铺在面糊下方的防粘纸、烘焙纸或油布，一定要平整，不能有皱褶，否则就不容易形成花色均匀且绽裂一致的虎皮纹。另一个造成虎皮不明显的原因是，蛋黄面糊没有完全打发。制作虎皮时，一定要使用玉米粉，因为用玉米粉制作的面糊黏度较低，纹路会比较长。而蛋黄糊也一定要打发到体积变大、颜色变白，且滴落的蛋黄糊不会立刻消失才行。另外，虎皮必须在高温下烘烤，且上火强、下火弱，利用上火的高温让表皮紧缩、出现纹路，下火的低温则让面糊继续膨胀并烤熟。一发现上色就要立刻取出。若撕下虎皮的防粘纸时，有撕不下来的地方或摸起来感觉好像有点偏硬，就代表虎皮烤过头了。另外，配方中的糖粉也具有固色的作用，能让虎皮纹更为明显、更快上色。

虎皮纹不明显，也不够立体 NG

蛋黄面糊没有完全打发，烤箱温度不够高。

清晰且立体的虎皮纹路  OK

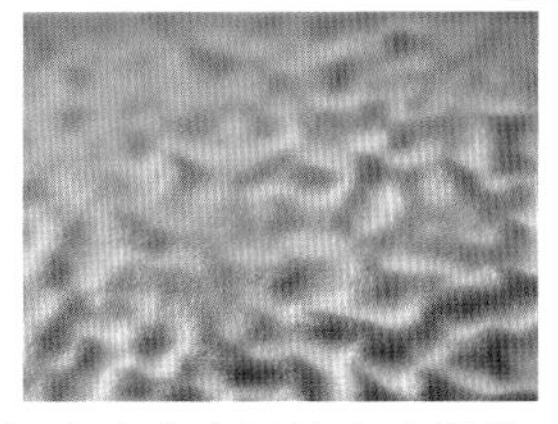

上火的高温让表皮紧缩、出现纹路，下火的低温则让面糊继续膨胀并烤熟。

Q3 鲜奶油、馅料该铺哪里，该铺多厚，为什么常常满溢出来？

答 卷心位置的馅料，可以铺厚一点

体积较大或重量较重的馅料，要放在靠近身体这一侧，也就是瑞士卷成品的卷心；蛋糕的尾部和两侧不要全涂满鲜奶油，可以涂得稍微薄一些。

另外，要注意馅料的稠度和黏性是否足以粘黏住蛋糕片而不会散开，若使用干性或颗粒状的内馅，最好有鲜奶油或果酱当作底馅，蛋糕片才能紧密黏合；湿性的材料一定要沥干或擦干才能入馅。重量太重、颗粒太大、湿度太高的内馅，都会造成蛋糕卷在卷动时断裂，这一点也要特别小心。记得要在最后成形蛋糕体时，稍微用力卷紧，以免馅料掉落或外形不够圆弧，之后立刻用烘焙纸包住，直接放冰箱冷藏，就能定型了。

馅料两侧用鲜奶油固定

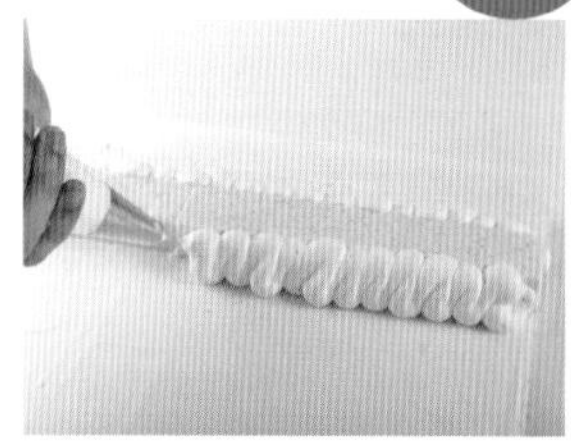

若担心卷心滑动，可在馅料两侧各挤入两道粘黏用的鲜奶油。

蛋糕边缘涂太厚、太满

当包入的内馅呈固体状时，用来铺底的鲜奶油会在卷动过程中，从两侧和末端溢出。

Q4 为什么芋泥馅的重量太重，很难卷？

答 涂薄一点儿，或在芋泥中拌入鲜奶油

解决方法有两个：一个是在蛋糕卷上方先涂一层薄薄的香堤鲜奶油，芋泥则当作蛋糕卷正中央的夹心馅；第二个解决方式则是在芋泥里拌入打发的鲜奶油，让芋泥馅的质地变轻柔，也会比较好卷。

使用红豆泥、南瓜泥时，也可以采用相同的做法。

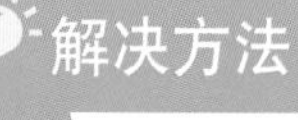

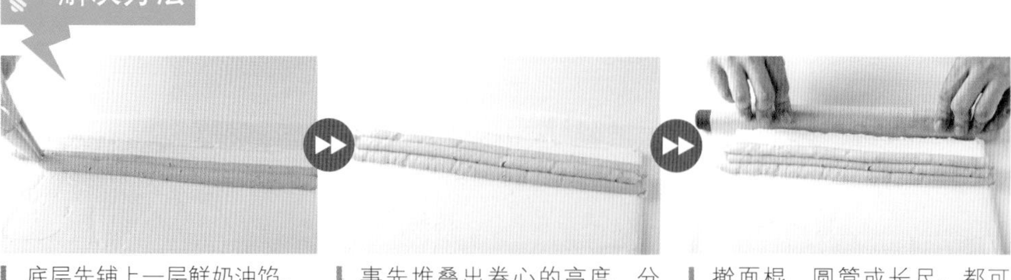

底层先铺上一层鲜奶油馅，可以让蛋糕片具黏合力。而用挤花袋来挤芋泥馅的好处是，让质地较扎实的馅料能更平均分布。

事先堆叠出卷心的高度、分量，卷动蛋糕片时会更轻松，只要往前覆盖上去，内馅就会固定在原位且紧密黏合。

擀面棍、圆管或长尺，都可以用来协助固定纸张，让卷动的力度更平均。

Q5 为什么烤出来的蛋糕片白面偏黄，已经开始上色？

答 下火温度太高

蛋糕片的白面偏黄，且开始出现焦色，就是烤箱下火的温度偏高所致，解决方法有两个：一、如果蛋糕片已经充分烤熟且明显偏硬，那就是烤过头了，必须减少烘烤时间，提早出炉；二、若是蛋糕表皮（上火烘烤处）还夹带着水汽，但白面，也就是靠近下火的地方已经开始上色，那就是下火温度太高，直接调低温度，或将烤盘位置往上移高一层。

以正卷而言，其实只要蛋糕体的湿润度和松软度都足够，白面稍微上色，对口感的影响并不大，只要注意烤熟与否即可，表皮是否上色均匀反而不重要。

解决方法

正卷的瑞士卷，白面朝内，略带焦色并不影响成品外观，只要蛋糕够松软就可以了，涂上馅料后，其实看不出来。

Q6 卷动后侧面变成椭圆形，而非圆形，不知该卷几圈？

答 每次往前卷动后，一定要往回压实

瑞士卷究竟要卷几圈？视蛋糕模的尺寸和内馅而定！

内馅的重量太重，和卷动时太过用力压，都会让瑞士卷变成扁圆的长条状。所以，每次往前卷动后，一定要往回压实，这个动作很重要，借由长形圆棍滚动防粘纸，将蛋糕由内向外推卷成圆筒形，最后用烘焙纸包紧，静置 5 ~ 10 分钟定型，或直接放入冰箱冷藏，都有助于固定瑞士卷的造型。

侧面呈扁圆形 NG

卷动蛋糕片时，因为太过用力压实，内馅溢出，体型呈扁圆形。

侧面是膨润的圆形 OK

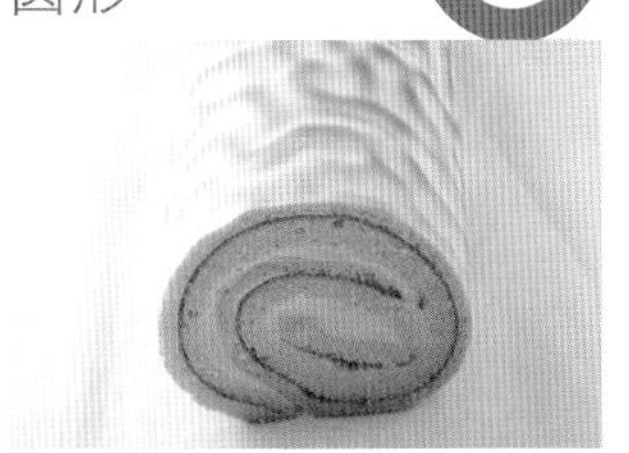

借由长形圆棍滚动防粘纸，将蛋糕由内向外推卷成圆筒形。

解决方法

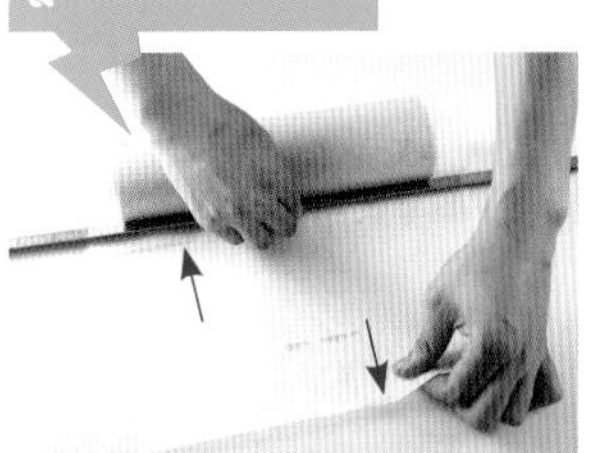

拉起底纸，让蛋糕片顺势向前覆盖，再稍微往回收拢、轻压一下。每次往前卷动后，一定要往回压实。

Perfect Cake

巧克力千层蛋糕

Mille Crêpes Cake

不同于可丽饼式做法，以杏仁蛋糕片为主体的扎实口感，更令人着迷

材料

A. 蛋糕面糊

全蛋……130g
细砂糖①……65g
杏仁粉……65g
低筋面粉……30g
无铝泡打粉……2g
蛋白……75g
细砂糖②……40g
无盐奶油……18g

B. 内馅（巧克力甘纳许）

70% 纽扣巧克力……150g
动物性鲜奶油……150g
无盐奶油……30g

C. 内馅（君度酒糖液）

30 度波美糖浆……150g
君度康图橙酒……50g
开水……20g

D. 镜面巧克力淋酱

动物性鲜奶油……300g
苦甜巧克力……300g

参考数据

烘烤时间	16 分钟
烘焙温度	上火 180℃ 下火 180℃

模具：平盘烤模

完美步骤

1

在搅拌盆里放入杏仁粉。

2

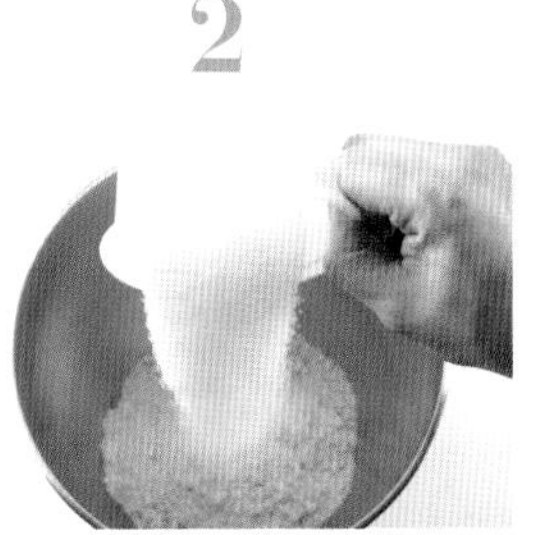

倒入细砂糖①。

3

以橡皮刮刀将杏仁粉、细砂糖①搅拌均匀。

4

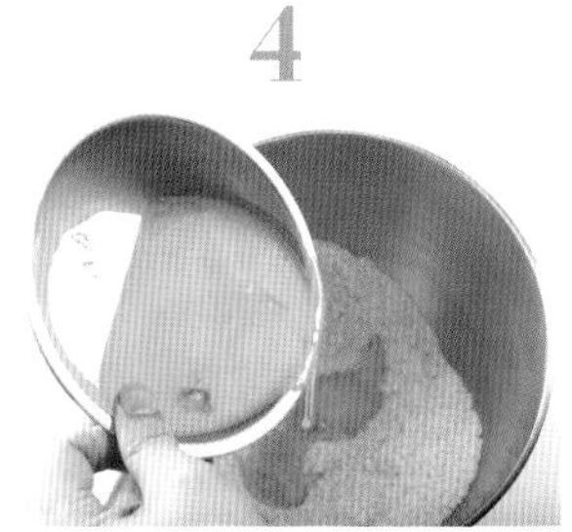

倒入打散的全蛋液。

5

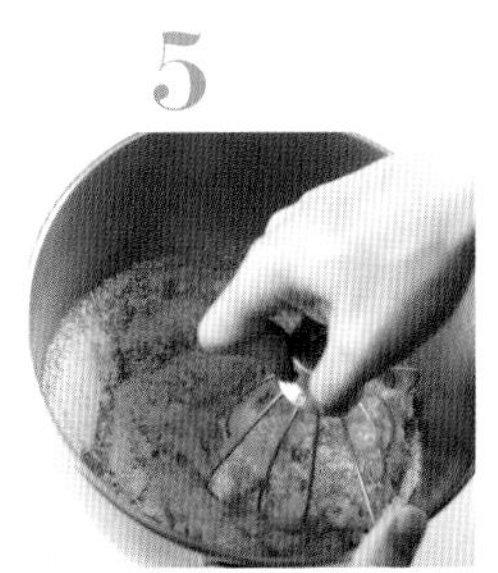

将搅拌盆放回电动搅拌器。

6

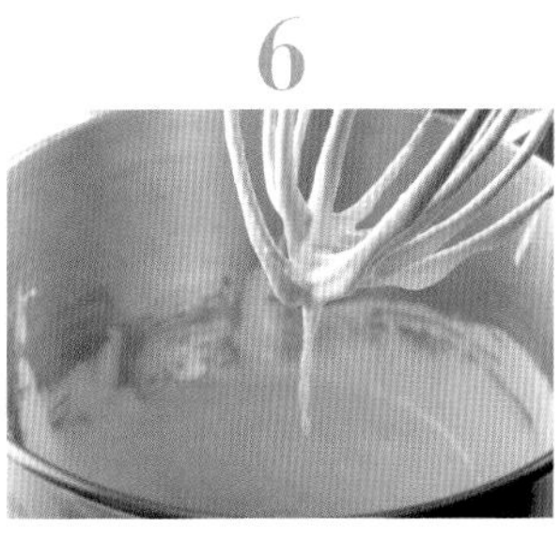

加入无盐奶油，以中高速搅拌至无颗粒状。

Start

7

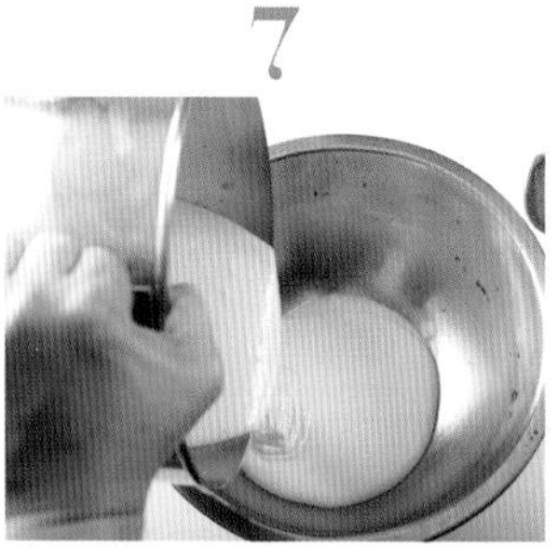

将搅拌完成的杏仁糊移至大一点的搅拌盆，备用。

8

将蛋白与细砂糖②打至八分发的挺度。

9

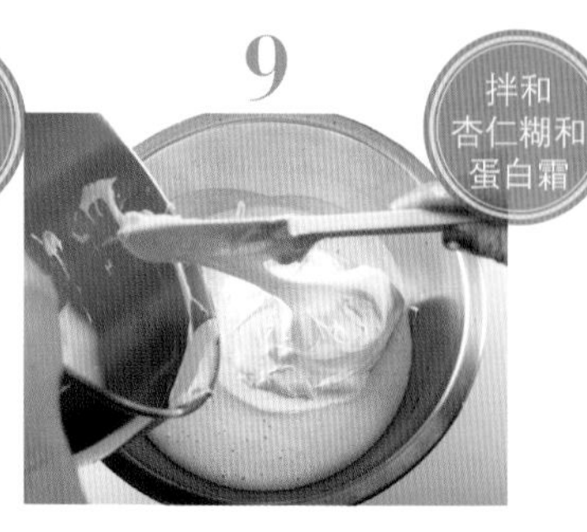

取 1/3 蛋白霜至搅拌好的杏仁糊中。

10

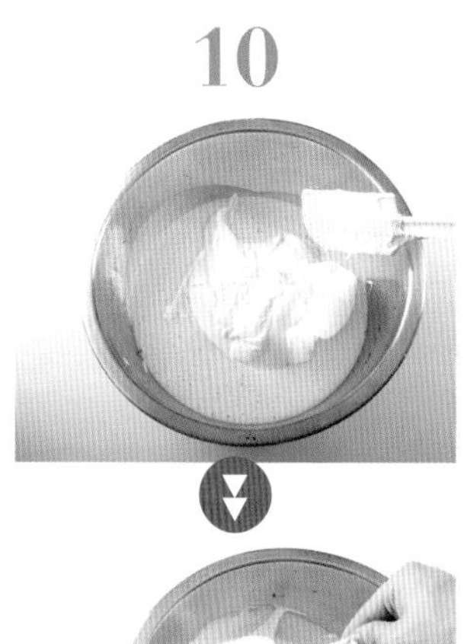

混拌至与杏仁糊相近的质地之后，再加入另外 2/3 的蛋白霜。以切入再翻转的方式，将杏仁糊与蛋白霜混拌至产生光泽，舀起面糊时，流下来的面糊可以形成漂亮的折痕。

分次拌入过筛后的泡打粉和低筋面粉。

12

以切拌方式拌匀杏仁蛋糕面糊。

13 烘烤杏仁蛋糕片

❶ 方形平盘烤模内铺上烘焙纸，在烤模里倒入打发好的蛋糕面糊，让面糊高度维持在 0.5cm 左右，放入预热完成的烤箱。

❷ 将放凉的杏仁蛋糕片切成 3 片尺寸一致的蛋糕片。

14 制作君度酒糖液

将 30 度波美糖浆、君度康图橙酒和开水混匀备用。

15 制作镜面巧克力淋酱

❶ 将动物性鲜奶油加热至沸腾，熄火。

❷ 倒入苦甜巧克力中，慢慢搅拌至完全均匀。

16 制作巧克力甘纳许

❶ 纽扣巧克力块用刀切碎，隔水加热至熔化。动物性鲜奶油则必须煮至沸腾。

❷ 将加热至沸腾的动物性鲜奶油倒入熔化的纽扣巧克力中，慢慢搅拌至完全均匀后，再加入无盐奶油拌匀，即放入冰箱冷藏 20 分钟以上备用。

17 堆叠巧克力千层

❶ 取第一片杏仁蛋糕片，表面刷上君度酒糖液。

❷ 将巧克力甘纳许酱均匀涂抹在蛋糕片上。

❸ 叠上第二层杏仁蛋糕片，表面刷上君度酒糖液，并抹上巧克力甘纳许酱。

❹ 叠上第三层杏仁蛋糕片，表面刷上君度酒糖液，最后再淋上镜面巧克力淋酱。

❺ 将成品放入冰箱冷冻，食用前再取出来切片。

Point

增添华丽口感的镜面巧克力淋酱

减少甘纳许抹酱中的鲜奶油比例，如果再加入吉利丁，就可以做出有着镜面果冻效果的巧克力糖浆！在这个配方中，可事先取出 1/3 放在一旁保温，作为镜面巧克力淋酱使用；另外 2/3 则放入冰箱冷藏，作为夹心内馅使用！

莓香千层蛋糕

酸酸甜甜的果酱鲜奶油，不论是蔓越莓或覆盆子，都能入馅

A. 蛋糕面糊

全蛋……130g
细砂糖①……65g
杏仁粉……65g
低筋面粉……30g
无铝泡打粉……2g
蛋白……75g
细砂糖②……40g
无盐奶油……18g

B. 内馅（覆盆子果酱）

新鲜覆盆子……300g
细砂糖……100g
柠檬汁……30g

C. 内馅（君度酒糖液）

30 度波美糖浆……150g
君度康图橙酒……50g
开水……20g

D. 覆盆子果冻淋酱

覆盆子果汁……150g
细砂糖……15g
柠檬汁……10g
吉利丁……2.5 片

烘烤时间	20 分钟
烘焙温度	上火 180℃ 下火 180℃

模具：平盘烤模

从巧克力千层蛋糕做法 1~12 开始

1. **烘烤杏仁蛋糕片**：方形平盘烤模内铺上烘焙纸，在烤模正中央倒入打发好的蛋糕面糊，让面糊高度维持在 0.5cm 左右，放入预热完成的烤箱。
2. 制作君度酒糖液：将 30 度波美糖浆、君度康图橙酒和开水混匀备用。
3. 将放凉的杏仁蛋糕片切成 3 片尺寸相同的蛋糕片。
4. 蛋糕片的宽度、长度、层数，可依据烤模尺寸或个人偏好自行调整。
5. **制作覆盆子果酱**：新鲜覆盆子加入细砂糖、柠檬汁、吉利丁，以中小火边煮边搅拌，至整体变浓稠即可。
6. 必须放凉或冰镇后，才能作为内馅抹酱使用。
7. **千层叠法**：取第一片杏仁蛋糕，表面刷上君度酒糖液。
8. 将覆盆子果酱馅均匀抹在蛋糕片上。
9. 叠上第二层杏仁蛋糕片。
10. 表面刷上君度酒糖液。
11. 抹上覆盆子果酱馅。
12. 叠上第三层杏仁蛋糕片，刷上君度酒糖液，并抹上覆盆子果酱馅。就可以放入冰箱冷冻。待蛋糕表面硬化，再淋上微温的覆盆子果冻淋酱，并装饰巧克力片及少许果粒，重新放回冷冻室，食用前取出切片即可。

Q&A 常见的问题与解答

Q1 如何切出层次分明、外形完美的块状?

答 先冰镇过后再切，一刀到底

若蛋糕体中同时包含鲜奶油层、蛋糕层和果冻层，因为质地全然不同，为了切出层次分明的漂亮切面，建议可先放进5℃左右的冷藏室，第二天或经过6小时以上，再拿出来切片，会比较容易。

切片时，要选择刀身较薄且无锯齿的不锈钢刀，刀面越锋利越好，同时准备一条干净的湿毛巾，毛巾要拧干，不能太湿，每切一片，就要把刀身擦干净，再重新下刀。下刀时，另一手不需要特别扶住蛋糕，确认好下刀的位置和间隔后，要一刀到底，不要来回拉锯，以免馅料黏附在干净的蛋糕层。

果冻层断裂，内馅也粘到蛋糕层

切工方整，馅料层与蛋糕层的纹理分明

没有经过冷藏就切片，这时内馅和果冻层都太软，承受不住刀面的施压。

冷藏过的千层蛋糕，蛋糕层的硬度趋于一致，结构比较扎实、硬挺。

Q2 如何让千层完美粘黏而不会滑动或崩塌?

答 内馅不能调制得太稀

千层中的鲜奶油层，一定要打发至九分发以上，稍微偏硬也没关系，因为之后还会再拌入果酱，所以鲜奶油的硬度会比刚打发好时再软一点儿。另外，因为果酱中含有糖分，所以在打发鲜奶油时，可不加糖。

通常乳脂成分越高的鲜奶油，打发后的质地会更浓稠，且膨胀率较高，乳脂之间的网状结构会比较紧密，口感绵密滑顺，很适合用来当作夹馅使用。打发鲜奶油过程中，最好在搅拌盆底下垫一些冰块水，或在打发前，连同搅拌盆和鲜奶油一起先放到冰箱冷藏20分钟左右，也能帮助鲜奶油快速打发且维持一定的挺度。

内馅流出，蛋糕体出现走山情况

蛋糕层完美粘黏，高度一致且层次分明

鲜奶油打至七分发时，就停止搅打，并拌入果酱，内馅变得稀稀水水，蛋糕片容易滑动。

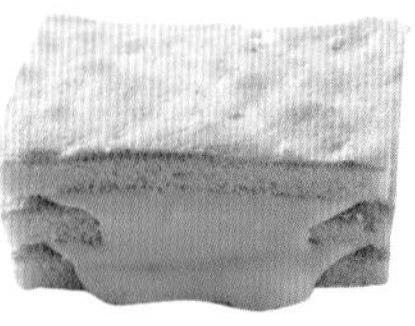

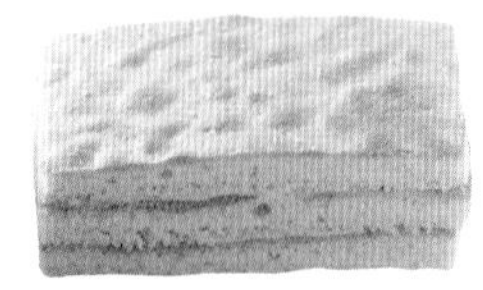

鲜奶油打至九分发的状态，混拌果酱时，底下也是垫着冰块，内馅浓稠具黏性。

Q3 为什么蛋糕体的厚薄不均？每一层的最佳厚度是多少？

答 入模前不要超过 0.5cm，选择好一点的平盘烤模，入模前先用刮板抹平

选择平盘烤模时，尽量使用浅盘，且盘底必须平整、没有沟槽。盘底一定要铺上防粘纸或油布，将面糊倒入烤模里时，要先倒在正中间，再以长柄抹刀或硬质刮板，由内向外依序将面糊推向四侧边框。

入烤箱前，先敲震 2 下，一来可以震出残留在面糊里的大气泡，二来可以把面糊稍微震平。最后再用硬质板，在表面来回刮几下，有点像是轻拂过去的力度即可。注意，这个动作并不是为了抹平，而是为了确认高度一致，若用刮板勾动太多面糊，反而会在面糊表面留下刮痕，并再次把空气带入面糊里。

一边较厚，一边较薄

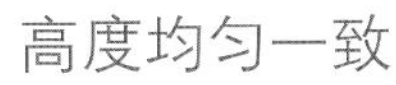

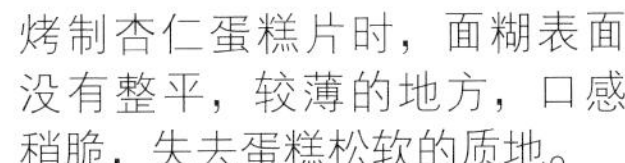

烤制杏仁蛋糕片时，面糊表面没有整平，较薄的地方，口感稍脆，失去蛋糕松软的质地。

出炉后的杏仁蛋糕片，经过冷却，会再降低些许高度，但高度仍平均一致。

Point

内馅“份数”，可先依“层数”大致分好！

若想夹层的内馅高度在切片后也能呈现一致性的等比间隔，可以把做好的内馅大致先分成 3 等份。2 份作为内馅夹层，另一份则作为外层抹酱使用，这样也能确保内馅“一次”全部用完。

原味慕斯蛋糕

Mousse cake

就 爱 这 入 口 即 化 、 极 致 轻 盈 的 浓 浓 奶 香

材料

A. 原味慕斯

70℃热牛奶....................200g
吉利丁片.......................4 片
六七分发的动物性鲜奶油
....................................300g

B. 装饰

蛋糕丁........................适量
蓝莓............................适量
草莓丁........................数颗

参考数据

模具：鸡尾酒杯数个

完美步骤

1

准备一盆冰水。

2

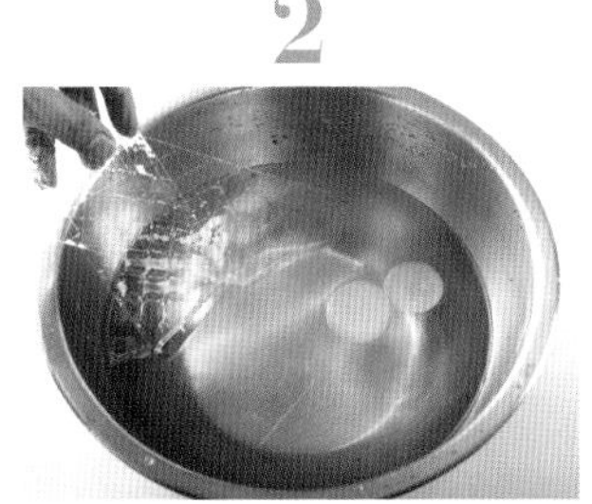

泡入吉利丁片。

3

泡软后，挤干水分，备用。

4

将鲜奶油打发至浓稠且柔滑的六七分发即可。

5

将吉利丁片丢入热牛奶里化开，搅拌均匀待降至室温后，再将鲜奶油舀入。

6

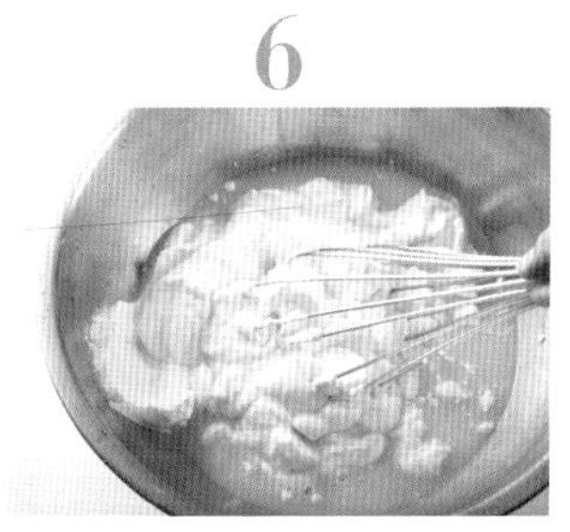

以搅拌器将打发后的鲜奶油与吉利丁牛奶液拌匀。

7

搅拌完成的慕斯糊，浓稠中仍保有一定的膨胀度。

8

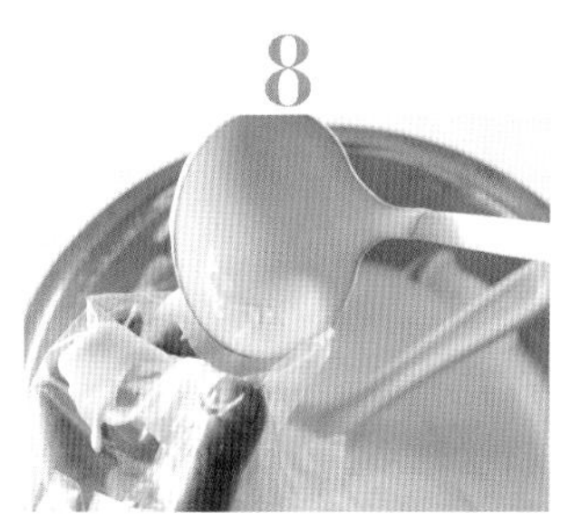

将慕斯糊装入挤花袋里。

Start

9

挤花袋剪一个小开口，将慕斯糊挤至鸡尾酒杯的 1/3 高度。

10

铺入蛋糕丁作为夹层内馅。

11

最后再挤入慕斯糊，使其呈雪融状。

12

放入冰箱冷藏，食用前可在杯口装饰草莓丁、蓝莓等，使外形更加美观，口感也更富层次感。

Point

软化吉利丁片一定要泡冰水

吉利丁片一定要先泡软，吸足适度水分才能使用；泡软时，须泡在冰水里，若使用常温水或热水，很容易溶化在水里。浸泡时，5 ~ 7 分钟就会软化，吉利丁片与片之间不能重叠，否则会粘黏在一起，可剪成适合容器口径的小片再浸泡；使用前一定要挤干水分，锅里温度也不能太高，50 ~ 60℃即可，绝不能煮沸，以免降低吉利丁的凝结力。

栏果优格慕斯蛋糕

两种口味的慕斯，搭配巧克力蛋糕与新鲜水果，绵密而不腻

材料

A. 栏果慕斯
栏果果泥……200g
蛋黄……60g
细砂糖……60g
吉利丁片……2片
六七分发的动物性鲜奶油……75g

B. 优格慕斯
六七分发的动物性鲜奶油……100g
细砂糖……30g
吉利丁片……4片
无糖原味优格……200g

C. 装饰
巧克力戚风蛋糕……1片
栏果丁……适量
薄荷叶……适量
蓝莓切对半……适量

参考数据

模具：透明玻璃杯数个

完美步骤

从原味慕斯做法 4. 开始

❶ 新鲜栏果切成 1cm 立方小丁，备用。

❷ 制作栏果慕斯：另外准备 1 份新鲜栏果，用果汁机打成果泥。

❸ 将蛋黄加入细砂糖，并以隔水加热的方式，搅拌均匀。

❹ 趁蛋黄未完全凝固时，加入新鲜栏果泥、吉利丁液，一边加热，一边继续搅打至锅边开始冒泡，即可熄火。放凉备用。

❺ 将放凉后的栏果泥与打发后的鲜奶油拌匀。

❻ 制作优格慕斯：准备无糖原味优格备用。

❼ 吉利丁泡软，放入隔水加热至 70℃的热优格里，放凉备用，并将已和细砂糖打至六七分发的鲜奶油舀入已降至室温的吉利丁液里。

❽ 搅拌成浓稠的优格慕斯糊。

完美步骤

9

13

10

14

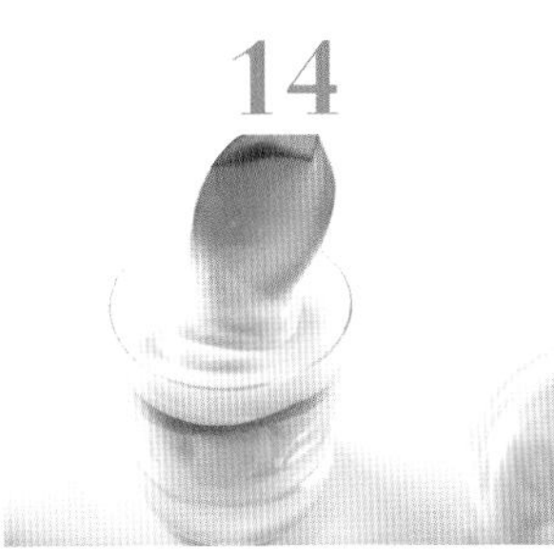

11

15

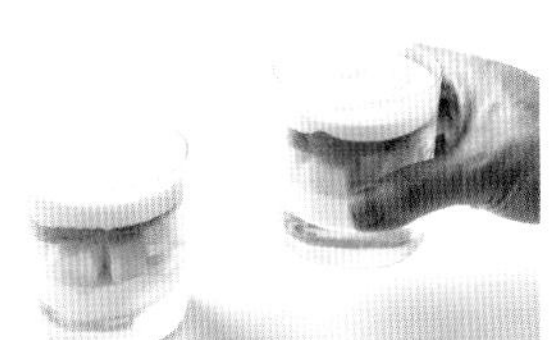

12

16

9 将优格慕斯糊装入挤花袋，挤入杯子作为底层，高度约1cm。

10 舀入新鲜芒果丁，尽量铺平。

11 将巧克力戚风蛋糕裁成与杯口大小一致的圆片。

12 将巧克力戚风蛋糕圆片，铺在芒果丁上层。

13 舀入芒果慕斯。

14 用汤匙背面整平慕斯表面。

15 敲震杯身，一来可以排出慕斯糊里的气泡，二来也能让每一层内馅黏结得更为紧密扎实。

16 放入冰箱冷藏。食用前再装饰新鲜水果丁、薄荷叶即可。

如何做出层次分明的慕斯杯?

还未冷藏、尚处于流动状态的慕斯层，下方应选择固体状、无缝隙的食材。以这款芒果优格慕斯来说，杯子最底层就是优格慕斯，而用来隔开芒果慕斯的就是巧克力戚风蛋糕片。记得，蛋糕片的直径尺寸可比杯口稍大一些，放入杯内后，才能与杯缘完全密合，而不致让上层慕斯往下层溢流。

黑巧克力慕斯蛋糕

黑巧克力慕斯与戚风蛋糕完美组合，层次丰富，口感分明

材料

A. 黑巧克力慕斯

70℃热牛奶..................125g

55% 纽扣巧克力............115g

吉利丁片 ....2 片

可可酒 5g

动物性鲜奶油 150g

B. 镜面巧克力淋酱

（做法同巧克力千层蛋糕）

C. 装饰

原味戚风蛋糕小圆片 .... 数片

可食用液态金箔........... 适量

开心果碎末.................. 适量

参考数据

模具：半圆球形硅胶模

完美步骤

制作黑巧克力慕斯

1 5

2

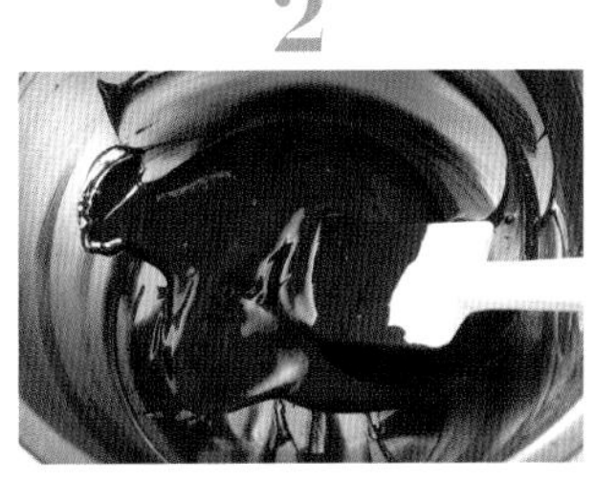

6

3

7

4

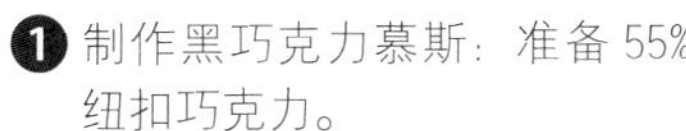

❶ 制作黑巧克力慕斯：准备 55% 纽扣巧克力。

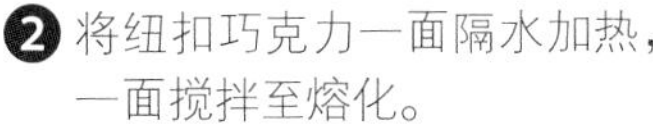

❷ 将纽扣巧克力一面隔水加热，一面搅拌至熔化。

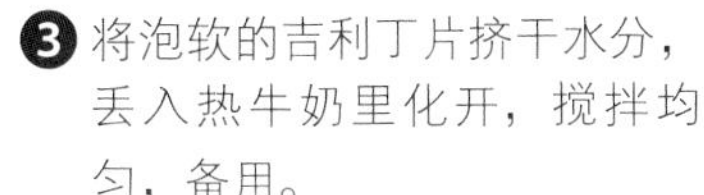

❸ 将泡软的吉利丁片挤干水分，丢入热牛奶里化开，搅拌均匀，备用。

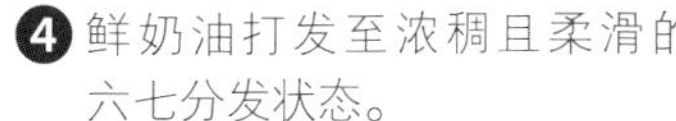

❹ 鲜奶油打发至浓稠且柔滑的六七分发状态。

❺ 巧克力混入吉利丁牛奶。

❻ 搅拌均匀，至巧克力呈现浓稠的光滑状。

❼ 做法 6 中加入打发的鲜奶油和可可酒，搅拌均匀。装入挤花袋备用。

完美步骤

Start

8

9

10

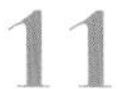

12

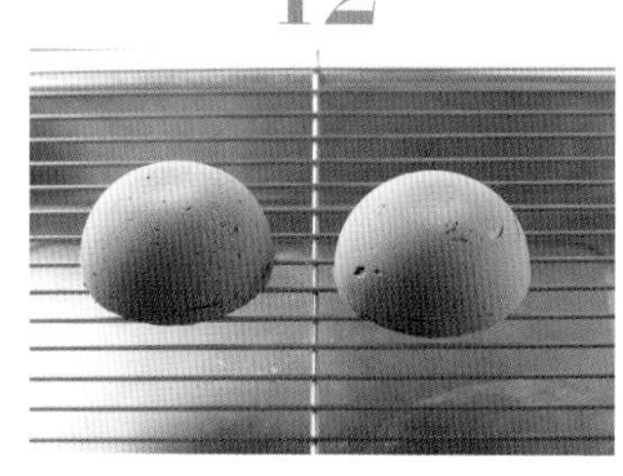

❽ 准备一个半球形的硅胶模，挤入 1/3 高度的黑巧克力慕斯糊。

❾ 放入直径比模型略小、裁成圆形的原味戚风蛋糕片。

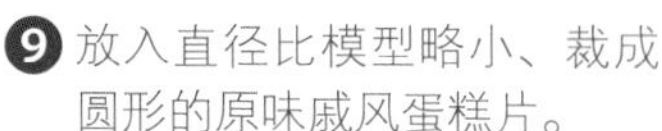

❿ 挤入黑巧克力慕斯糊，至填满模型。

⓫ 以抹刀将溢出硅胶模型口的黑巧克力慕斯糊全数抹平。放入冰箱冷冻。

⓬ 取出结冻的半球形黑巧克力慕斯，放在网架上。

完美步骤

13

15

16

14

⑬ 淋上微温的镜面巧克力酱，反复浇淋至光滑无瑕。

⑭ 在表面滴上数滴可食用的液态金箔。

⑮ 以抹刀或平铲将慕斯移至铺满开心果碎末的平盘内，使慕斯底部沾上一圈开心果碎末。

⑯ 最后，同样用抹刀或平铲将慕斯移至烤盘架上即可。

Q&A 常见的问题与解答

Q1 慕斯糊太稀了，一倒进去就从慕斯圈流出来了怎么办?

答 鲜奶油不够冰或打得不够硬挺

入模时，鲜奶油不够冰或打得不够硬挺，都会造成后面步骤无法叠层或从慕斯圈底缝渗出的窘境。如果打算使用慕斯圈或活动模，后续还有叠层的需求，鲜奶油一定要打到七分发以上。

但如果慕斯糊真的太稀了，仍有办法补救！可以把看起来有些稀软的慕斯糊放入冰箱冷藏10分钟左右，等到略显浓稠后，再拿出来重新拌匀，再挤入模型中，或者改用有底的固定模型或杯子来盛装慕斯糊，因为配方中其实也添加了吉利丁，冰镇过后，还是可以让慕斯凝结，且具有滑嫩口感。

解决方法 改用杯子

将慕斯糊放入冰箱冷藏10分钟左右，略显浓稠后再操作；或改装入有底的杯子，或方便脱模的模型中。

慕斯糊从慕斯圈渗流出来

鲜奶油打发后，忘了先放入冰箱冷藏备用，变得像融化的冰淇淋一样。

Q2 为什么慕斯不太凝固，吃起来绵绵的?

答 吉利丁比例不够

如果已经冷藏超过1天，或经过冰冻再解冻后，慕斯仍不太凝固，吃起来绵绵的，没有滑嫩的口感，就是吉利丁比例不对，加得太少或没拌匀，甚至是在制作吉利丁牛奶液时，不小心把吉利丁煮滚，或牛奶比例太高，以致丧失了应有的凝结力。

其实，慕斯本身的配方和做法也会影响口感。像传统的法式巧克力慕斯就不加吉利丁，而是完全靠打发的鲜奶油和巧克力本身的凝固力来营造慕斯般的泡气性。

对烘焙新手来说，添加吉利丁的成功概率较高，成品口感介于布丁和冰淇淋之间，较符合多数人的偏好，所以大部分的慕斯配方中都会添加吉利丁。

吉利丁加太少

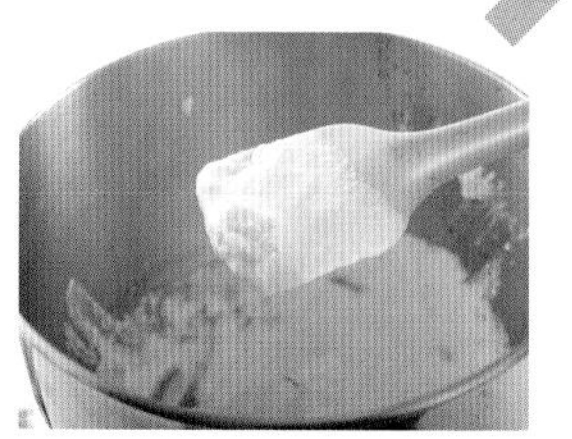

吉利丁牛奶液和鲜奶油没拌匀，感觉膨胀度不足。

吉利丁比例正确 OK

拌入吉利丁牛奶液时，拌和力度正确，没有让鲜奶油消泡。

Q3 为什么慕斯吃起来口感像果冻?

答 吉利丁加太多，应按吉利丁外包装使用说明调配比例

慕斯糊的吉利丁比例，只要确定在常温下不会马上软塌、融化，口感部分其实可依个人的偏好而定，再加上有些配料本身就具有凝固力，例如：蛋液、巧克力等，多半片或少半片吉利丁，基本上影响不会太大。除非真的添加过多，或忘了考虑配料的凝固力，便容易做成奶冻了！

另一个可能性是使用吉利丁粉，吉利丁粉和吉利丁片不能直接按等重换算来彼此替代。吉利丁粉的凝固力比吉利丁片要好很多，所以在使用吉利丁粉的时候，应减少 1/2 ~ 1/3。若不知如何换算，通常包装袋的成分说明上，都会标注建议用量，请尽量按使用说明来调配比例。

按下去仍不变形

用食指指腹轻按慕斯表面，太过 Q 弹，口感如同橡胶。

用食指指腹轻按慕斯表面，感觉柔软蓬松，包裹住指腹的慕斯会随着指温微微化开。

Q4 巧克力慕斯蛋糕的蛋糕体，为什么淋上巧克力慕斯糊后，口感变得太湿软?

答 一做好，就直接放入冷冻室冷冻

慕斯蛋糕里若包含蛋糕层，蛋糕必须是在完全放凉的情况下才能淋上慕斯糊，以免微温的蛋糕体让原本蓬松的慕斯糊融化，反而吸入慕斯糊的水分。其次，组合完成的慕斯蛋糕，一定要立刻送进冷冻室固化，蛋糕层才不会反潮，以致取出食用时，口感变得湿湿软软的。

另外，要让慕斯糊保持一定的浓稠度，鲜奶油（已打发）与吉利丁牛奶液（含配料）的混合温度非常重要，温度越低，吉利丁牛奶液（含配料）会更浓稠些，建议先让吉利丁牛奶液（含配料）降温至 40℃左右时，再拌入鲜奶油，效果最好。

Perfect Cake

提拉米苏

Tiramisù

不 可 思 议 的 简 单 做 法 ， 超 乎 想 象 的 极 致 美 味

材料

A. 马斯卡朋干酪糊
马斯卡朋干酪 ……………250g
细砂糖 …………………… 125g
水 ……………………………40g
蛋黄 …………………………75g
动物性鲜奶油 ……………250g

B. 手指饼干
蛋黄 …………………………80g
细砂糖① ……………………40g
蛋白 ……………………… 160g
细砂糖② ………………… 100g
盐 ……………………………2g
低筋面粉 ………………… 113g

C. 咖啡酒糖液
冷开水 …………………… 145g
咖啡粉 ……………………… 15g
30 度波美糖浆……………… 35g
（水：细砂糖 =20g：15g）
咖啡酒 ……………………… 20g

D. 装饰
可可粉 …………………… 适量

材料	
烘烤时间	12 分钟
烘焙温度	上火 170℃ 下火 200℃

模具：自粘式透明慕斯圈数个、平盘烤模

完美步骤

Start

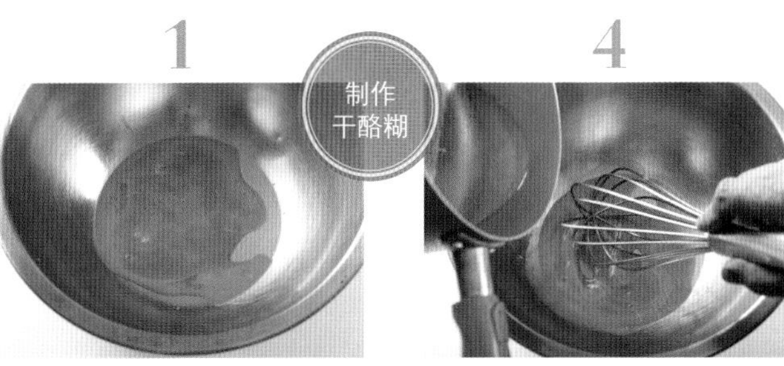

1

分离蛋黄，并将蛋黄倒入搅拌盆里。

2

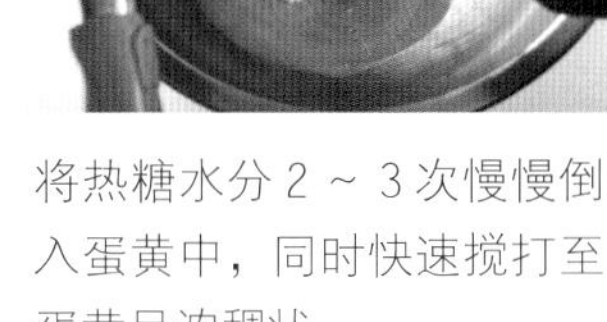

混合细砂糖和水，放入单柄汤锅里。

3

以中小火煮滚糖水。

4

将热糖水分 2 ~ 3 次慢慢倒入蛋黄中，同时快速搅打至蛋黄呈浓稠状。

5

将鲜奶油打至六七分发。将马斯卡朋干酪分 3 次加入蛋黄糖水拌匀，再将已打发的鲜奶油分 2 ~ 3 次拌入干酪糊中。

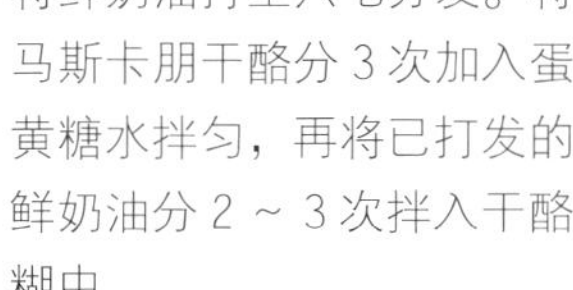

TIPS
手指饼干做法参考**手指饼干提拉米苏做法 1 ~ 9**

6

将咖啡粉、冷开水、咖啡酒、30 度波美糖浆，调和成咖啡酒糖液。

7

将手指饼干烤成大型片状，以圆形模具切出圆片状。

Start

8

在手指饼干表面均匀涂上咖啡酒糖液。

9

将自粘式透明慕斯圈围成和手指饼干尺寸相符的慕斯圈。

10

慕斯圈底层先铺上一片手指饼干，用挤花袋挤入 1/3 高度的马斯卡朋干酪糊。

11

在每个慕斯圈里，放入第二片手指饼干。

12

用挤花袋挤入马斯卡朋干酪糊，高度为满模。放入冷冻室冰镇。

13

食用前取出，并均匀撒上一层可可粉。

Point

真正的意式提拉米苏不加吉利丁

真正的意式提拉米苏，并不是利用吉利丁让干酪糊凝固，而是使用高比例的马斯卡朋干酪和蛋黄，让提拉米苏自然凝结，所以在口感上反而更加柔顺、软滑，而添加了吉利丁的提拉米苏，口感则会比较像奶酪或慕斯。

杯子提拉米苏

一人一杯，分量刚好，还能依据个人喜好更换杯子上的装饰配料呢

材料

A. 马斯卡朋干酪糊

马斯卡朋干酪 250g
细砂糖 125g
水 40g
蛋黄 75g
动物性鲜奶油 250g

B. 装饰

造型巧克力片 .... 适量
可可粉 .... 适量
咖啡豆 .... 适量

参考数据

模具：杯子数个

Start

1

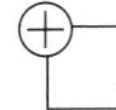

从提拉米苏做法 5 开始

❶ 将马斯卡朋干酪糊填入杯中，放入冷冻室冷冻。食用前，再依个人偏好，装饰巧克力片、可可粉、咖啡豆等。

Q&A 常见的问题与解答

Q1 为什么干酪糊有油水分离的现象?

答 搅拌太久

加热后，仍处于微温状态的蛋黄糊，其实带点黏稠度，加热越久，黏稠度越强，色泽会变成漂亮的米黄色，趁此时先拌入马斯卡朋干酪，用橡皮刮刀轻轻压拌，再搭配搅拌器快速搅拌，或采取少量分次添加搅拌，就能充分拌匀。

另外，有些食谱是以隔水加热方式，融合蛋黄、糖和马斯卡朋干酪，或是事先打发马斯卡朋干酪，避免之后可能因为密度、质地不同而造成拌和过程中出现油水分离的情况。

最后一点，也是最重要的一点，就是很多人常忘了先把马斯卡朋干酪放到室温下回软，当冰凉的干酪遇到温热的蛋黄糊，会让原本质地细致的蛋黄糊越搅越粗糙，搅拌越久，情况会越严重，甚至出现宛如豆花状的干酪糊。

不同于油水分离的情况，若蛋黄糊无法和马斯卡朋干酪充分拌和，且越拌越结块，通常是因为马斯卡朋干酪不够新鲜，或者干酪与蛋黄糊两者的比例不正确。

切记，马斯卡朋干酪糊的拌和顺序是：打发的蛋黄糊↓回温后的马斯卡朋干酪↓打发后的鲜奶油。

油水分离的干酪糊

马斯卡朋干酪忘记先从冷藏室取出，放在室温下回温，就一次全部放入蛋黄糊中，再加上搅打过度，马上便出现油水分离的状况。

柔顺绵滑的干酪糊

处于微温状态的蛋黄糊，是带点黏稠度的米黄色，趁此时先拌入马斯卡朋干酪，用橡皮刮刀轻轻压拌，再搭配搅拌器搅拌，就能充分拌匀。

Q2 为什么可可粉口感不佳，容易被呛到？

答 可可粉撒太厚

撒在提拉米苏上的可可粉，应先用筛网过筛，因为高纯度的100%高脂可可粉，很容易受潮、结块。撒可可粉时，不必撒得太厚，但一定要尽量均匀；通常都是食用前或上桌前再撒即可，因为先撒可可粉再经过冷冻、退冰，可可粉马上就会受潮且黏结成块状，不但不美观，口感也不佳。

可可粉依可可脂含量不同，大致可分为高脂可可粉（20%以上）、中脂可可粉（14%～20%）、低脂可可粉（14%以下），但可可脂含量越高并不代表颜色就越深，深黑色的可可粉反而可可脂含量极低，且带有焦味，并不适合和提拉米苏搭配。

可可粉太少 NG

可可粉只撒了薄薄一层，可可风味不足！

可可粉太多 NG

可可粉撒太厚，食用时容易被可可粉呛到。

可可粉分量刚好 OK

分布平均的可可粉，每一口都尝得到可可与干酪的双重滋味。

Q3 冷藏1天后，为什么感觉提拉米苏底层会出水？

答 只能放冷冻室，千万不能放冷藏室

一般冷藏室的温度在4～8℃。依据开启的段数（强冷、中冷、弱冷），实际温度也会略有不同。一般提拉米苏通常会加入打发后的鲜奶油，而鲜奶油最佳的定型状态是在5℃左右，一旦高于5℃就会重新融化成液态，所以会影响提拉米苏成品的定型。

虽然我们食谱中使用的是打发后的鲜奶油，但在拌和过程中还是会加入加热过的蛋黄、糖水等其他物质，所以搅拌完成时的温度，通常已经高达10℃以上，这时若直接放在冷藏室，再加上冷藏室温度没有低于5℃，提拉米苏一定会先融化少许，造成底部出水的情形，甚至让提拉米苏的层次感倾斜、模糊，即使冷藏时间再久，也无法重新凝结。

慕斯圈下渗流出融化后的提拉米苏 NG

刚搅拌完成的提拉米苏，只放在一般冷藏室，温度不够，凝结力不足。

凝结完美、口感细致的提拉米苏 OK

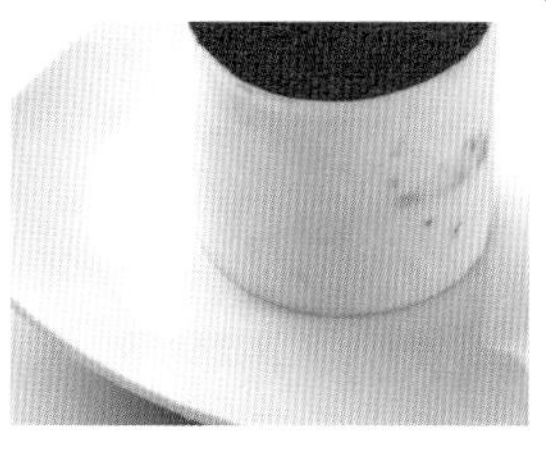

直接放入冷冻室的提拉米苏，马上就能凝固、定型，内外层次皆分明。

Perfect Cake

法式轻乳酪蛋糕

Cheese Cake

轻柔如雪花般的精致口感，热量也比一般乳酪蛋糕稍低

材料

A. 奶酪干酪糊

奶油奶酪......350g
牛奶......225g
动物性鲜奶油......25g
无盐奶油......50g
蛋黄......100g
细砂糖......25g
低筋面粉......20g
香草豆荚酱......适量

B. 蛋白霜

蛋白......75g
细砂糖......75g

C. 饼干底

奇福饼干......270g
无盐奶油......67g
糖粉......72g

参考数据

饼干底

烘烤时间	10 分钟
烘焙温度	上火 150℃ 下火 200℃

奶酪糊

烘烤时间	60 分钟
烘焙温度	上火 150℃ 下火 200℃

模具：方形浅盘、
方形深盘（尺寸略大）

完美步骤

Start

1

将过筛后的低筋面粉倒入搅拌盆内。

2

倒入细砂糖。

3

用汤匙拌匀。

4

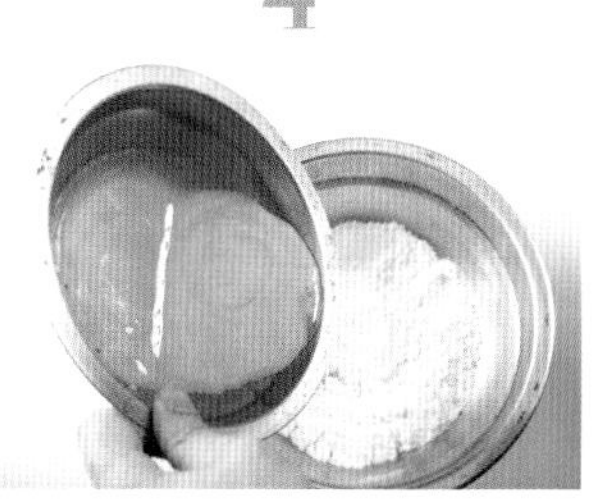

倒入打散的蛋黄液与香草豆荚酱。

5

倒入 1/2 牛奶。

6

用搅拌器拌匀。

7

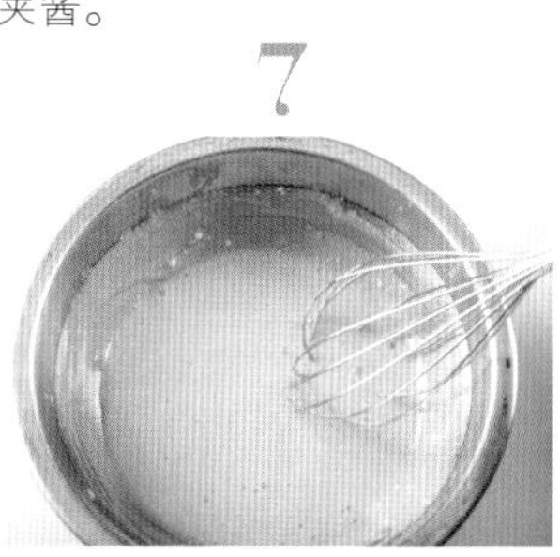

充分搅拌至无粉块及无颗粒感。

8

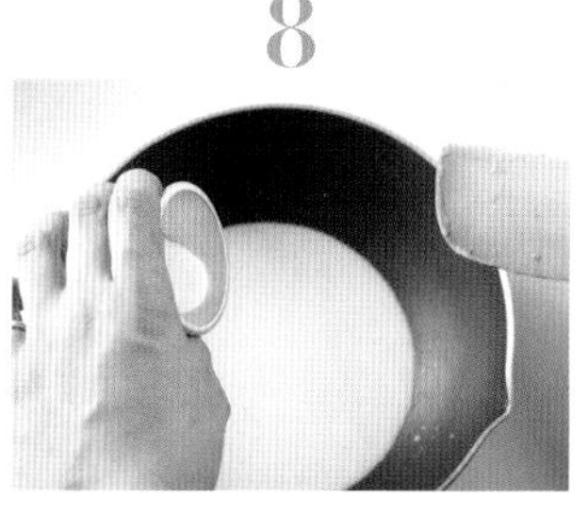

准备一个煮锅，倒入剩余的 1/2 牛奶，再加入动物性鲜奶油。

9

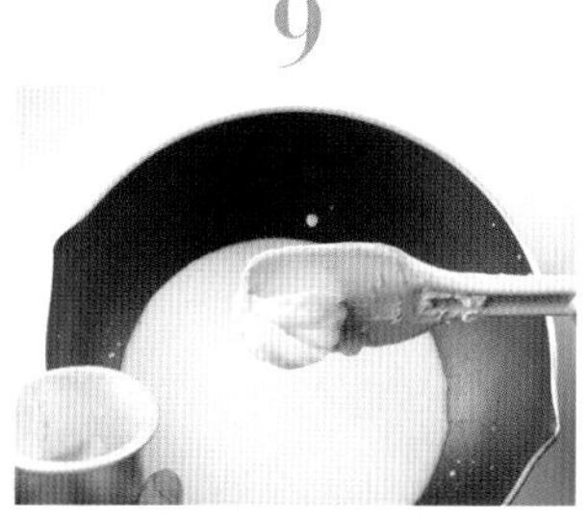

加入无盐奶油。以小火加热至滚沸，即可离火。

Start

10

奶油奶酪切成不规则小块，加入牛奶液中，用木铲先稍微溶化。

11

重新放回火上，以小火边煮边搅拌均匀，成为光滑的乳霜状。

12

趁热将 1/2 奶酪干酪糊冲入之前拌好的蛋黄糊里。

13

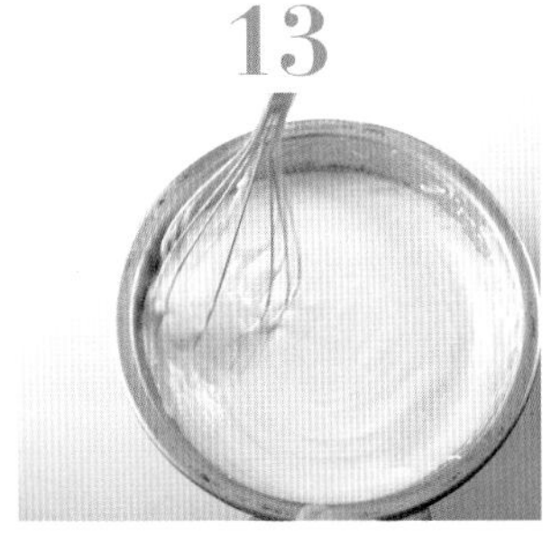

使用搅拌器再次搅拌均匀。

把调和好的面糊回冲至另外 1/2 奶酪干酪糊，再放回炉火上，以边煮边搅拌的方式，让面糊变得更浓稠，与干酪糊完全紧密结合。

15

连同锅放入冰水中降温，同时一面搅拌，避免干酪面糊结块或沉淀。

16

在冷却的干酪面糊中拌入打发完成的蛋白霜。

TIPS

蛋白霜打法参考**戚风蛋糕的蛋白霜步骤**，但打至六七分发即可

17

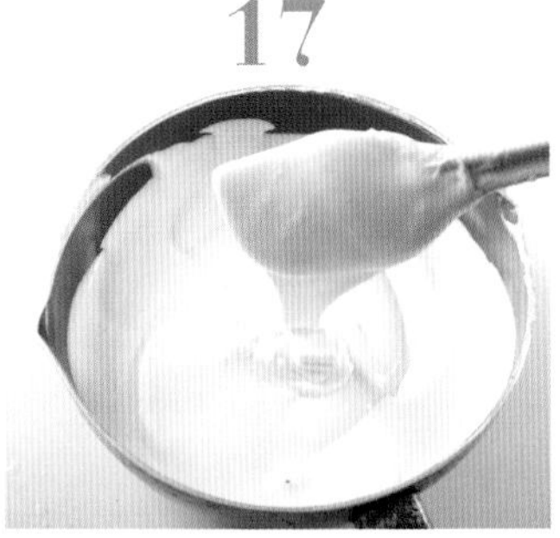

以切拌的方式，让干酪面糊呈现浓稠且细致的乳霜状。

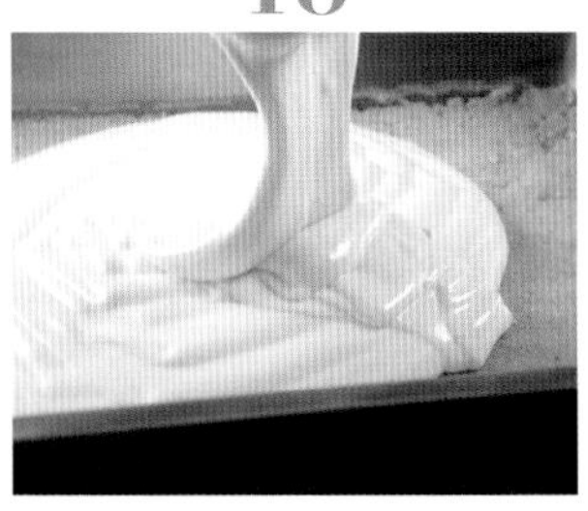

将面糊倒入已经铺好饼干底的烤模中。

19

进烤箱前，敲震烤模 2 下，震出面糊中的大气泡。

20

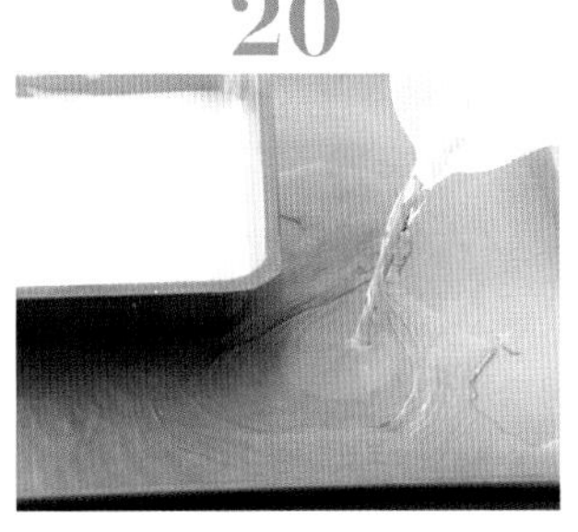

烤模底下，垫入另一个已注入冷水的烤盘，高度 1 ~ 2cm，以水浴法进行烤制。

21

烘烤完成的轻乳酪蛋糕。放凉后取出，再做切片装饰。

Point 蛋白霜的打发程度，要比戚风再软一些（六七分发）

制作轻乳酪蛋糕关键就是蛋白霜，只能打到湿性发泡（也就是六七分发），才能做出湿润绵滑的口感。其次是与干酪蛋黄面糊的拌和温度，大概在 40 ~ 45℃，才能与蛋白霜充分混合，既不会消泡，也比较不容易产生沉淀现象。

纽约重乳酪蛋糕

多了优格的淡淡乳酸味，浓郁却不腻口

完美步骤

材料

A. 奶酪糊

奶油奶酪 360g
细砂糖 36g
全蛋 ....1 个
原味无糖优格 60g
动物性鲜奶油 24g
低筋面粉 4g
玉米粉 4g

B. 饼干底

奇福饼干 135g
无盐奶油 30g
糖粉 35g

C. 装饰

新鲜樱桃 ....适量
新鲜薄荷叶...................适量

参考数据

饼干底

烘烤时间	10 分钟
烘焙温度	上火 150℃ 下火 200℃

干酪糊

烘烤时间	60 分钟
烘焙温度	上火 150℃ 下火 200℃

模具：8 寸活底圆形模、方形深盘(尺寸略大)

Start

❶ 制作饼干底：请参考法式轻乳酪蛋糕 P182 做法 1 ～ 4。

❷ 在活底烤模上，均匀地喷上一层防粘油。

❸ 将混合好的饼干糊倒入烤模中，用手指指腹、掌心、手背或平底容器将饼干层紧密压实、压平，再送入烤箱。

❹ 烤制完成的饼干层一定要先放凉，但不需要脱模取出。

❺ 制作奶酪糊：奶油奶酪切成小块，放置室温下回软。以电动搅拌器低速搅打 1 分钟，再转中速打至膏状。分 2 ～ 3 次，慢慢倒入细砂糖，同样先以低速，再转至中速，打到完全无糖粒残留，呈光滑乳霜状，再加入过筛后的低筋面粉、玉米粉。

❻ 搅拌均匀后，再依序加入蛋液、鲜奶油、原味无糖优格，拌至出现光滑的乳霜状。

❼ 将面糊倒入已经铺好饼干底的烤模中。进烤箱前，敲震烤模 2 下，震出面糊中的大气泡。烤模底下垫入另一个已注入冷水的深烤盘，水深高度 1 ～ 2cm，以水浴法进行烤制。

❽ 从放凉后的烤模中，由下往上托举出重乳酪蛋糕。将樱桃切片以同心圆方式堆叠成花瓣状，最后于正中央点缀 1 颗樱桃，并装饰少许的新鲜薄荷叶。

加粉要在加蛋之前

有些重乳酪蛋糕的食谱是不加面粉的，但这个配方之所以加入面粉，是为了让乳酪蛋糕在绵密之外，还能带有蓬松的口感，所以加入了低筋面粉和玉米粉。要特别注意的是，加粉的步骤一定要在加蛋之前，才容易拌得匀，烤出来的乳酪蛋糕质感会更细致！

Q1 为什么本来中央表面有微微隆起，但之后就下陷、裂开、出现皱纹？

答 烤箱温度太高

若烤制过程中，蛋糕中央表面原本是漂亮的隆起，但之后却开始从中央裂开、皱缩，那就是烤箱温度已经飙得太高了。此时，蛋糕面糊的周边会开始向里面收缩，蛋糕边缘的质地也会逐渐变硬，就算即时调降温度，也只能确保乳酪蛋糕不会烤得太干，但外形已无法挽救了！

尤其是烤制轻乳酪蛋糕时，因为里面含有大量的蛋白霜，蛋白霜很容易遇热膨胀，当温度高于它所需要的温度时，就会把奶酪糊里面的空气推出蛋糕表面而出现裂纹，所以蛋白霜绝对不能打得太发、太硬，只需湿性发泡（约六七分发）即可。

中央裂开又回缩 

色泽一致无裂痕 

烤箱温度太高，蛋糕顶部先隆起，中央部分裂开，周围向里面收缩。

烤箱温度合宜，蛋糕膨胀状况良好，表面平坦、烤色均匀。

Q2 为什么轻乳酪蛋糕失败概率比重奶酪高？

答 蛋白打发程度与烤箱温度

制作轻乳酪蛋糕时，一定要轻轻搅拌，通常失败原因有 3 个：一是蛋白没打发或打太发；二是两者没有拌匀；三是烤焙温度太高。蛋白霜没打发，乳酪蛋糕就不够蓬松；打得太发，口感则不够细致，且容易裂开。

最顺手的制作流程，应该是先煮好奶酪糊，然后着手制作蛋黄糊，趁热混合、回冲奶酪糊和蛋黄糊之后，任其慢慢降温，随即马上开始打发蛋白霜，等到最后要混合蛋白霜时，奶酪蛋黄糊已降至 40 ~ 45℃了，轻巧且快速拌匀，即可送入烤箱。切记，不能让蛋黄糊完全冷却，否则拌和后的成品容易沉淀，口感也不好。另外，奶酪糊与蛋白霜未搅拌均匀，或是在拌和的过程中不小心让蛋白霜消泡，也会造成奶酪糊沉淀，而导致失败。

过度胀裂，口感粗糙 

质地松软、口感绵密细滑 

蛋白霜打太发，拌和奶酪糊时又拌进太多空气，造成蛋糕表面龟裂。

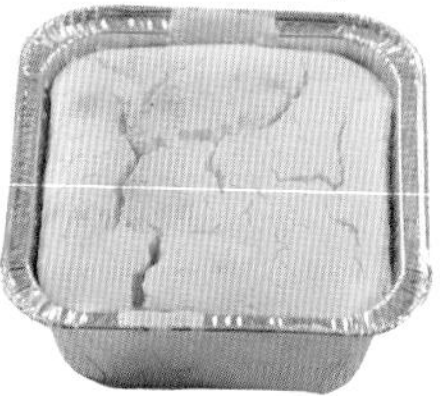

蛋白霜与奶酪糊完美拌和，蛋糕出炉后仍保持完美状态，质地细致、湿润。

Q3 为什么拌到快消泡了，蛋白霜或奶酪糊还是无法顺利拌匀？

答 分 2 步骤混拌

和制作戚风蛋糕一样，蛋白霜和奶酪糊要分 2 步骤混拌，不要一次舀入太多蛋白霜，以免因为搅拌次数太多或太用力而造成消泡。

蛋白霜和奶酪糊的重量、密度完全不同，蛋白霜重量较轻、密度低，奶酪糊的重量较重、密度高，一旦拌和不完全，奶酪糊会往下沉，而蛋白霜则往上浮，烤出来的乳酪蛋糕就容易出现分层或塌陷的现象。

蛋白霜和奶酪糊拌不匀

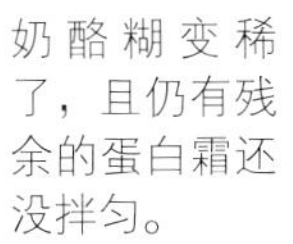

奶酪糊变稀了，且仍有残余的蛋白霜还没拌匀。

分 2 次拌入蛋白霜。先将 1/3 蛋白霜舀入干酪糊中，搅拌至均质状，再倒回蛋白霜的搅拌盆里，以切拌方式拌匀。

超完美蛋糕制作 这样做不失败！

Q4 为什么温度、湿度都按照食谱，但重乳酪蛋糕烤好后，还是出现了裂纹？

答 底盘的水一定要用冷水

底火太强，或加入的水是热水，很容易让奶酪糊的升温过快，造成蛋糕表面龟裂，一定要冷水入烤箱。另外，除了避免过度烘烤，或过度快速降温之外，烤制重乳酪蛋糕时还有一点很重要，就是把蛋液拌入奶酪面糊的时候只要拌匀即可，不能过度搅拌，否则容易产生裂痕。

至于烘烤时间究竟要多久，可依据蛋糕烤模的大小和蛋糕尺寸厚薄而定。另外，也需考察配方中的含糖量：若含糖量高，烤温可以稍低一些，烤制的时间稍微拉长；若配方中的含糖量较低，温度则要稍高，时间缩短一些，视烤箱情况自行调节。

表面微微裂开，饼干层微焦

表面平坦，饼干层酥而不焦

放入烤箱时，外盘使用热水，造成升温过快，蛋糕表面微裂。

烘焙温度适宜，乳酪蛋糕体浓郁细致，饼干层也十分香酥可口。

太妃焦糖布丁蛋糕

Caramel Pudding Cake

太妃焦糖独特的香甜气味，让朴素的海绵蛋糕变得更加迷人

材料

A. 太妃布丁层

牛奶............................ 400g
细砂糖 40g
吉利丁 .... 1.5 片
冷开水 15g
动物性鲜奶油 15g

B. 蛋糕层

8 寸原味海绵蛋糕 ....2 片
已打发的植物性鲜奶油 500g
装饰用白巧克力片、杏仁碎粒 .... 适量

参考数据

海绵蛋糕

烘烤时间	35 分钟
烘焙温度	上火 180℃ 下火 180℃

模具：8 寸圆形模

完美步骤

1

准备一个单柄煮锅，放入细砂糖。煮焦糖时，锅不宜太大，但必须有点高度。

2

加入少许冷开水煮滚。过程中不能搅拌，以免拌入空气，温度流失，周围便会结晶。煮至滚沸冒泡泡时，已是 180℃，可先离火，让它继续用余温上色（浅褐色）。

3

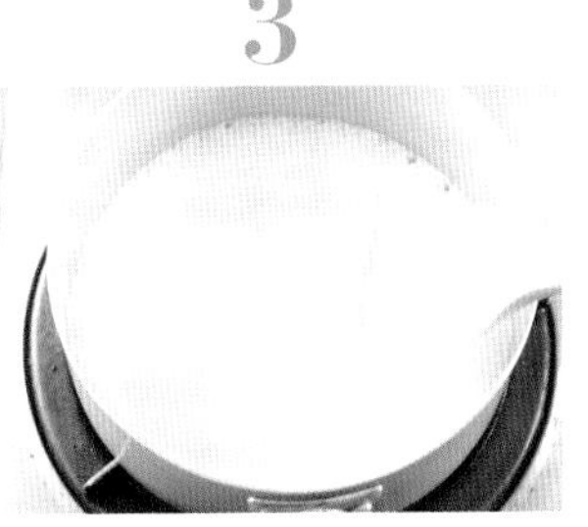

准备另一个单柄煮锅，将牛奶煮滚即可离火。离火后的牛奶要继续搅拌以免结皮。

4

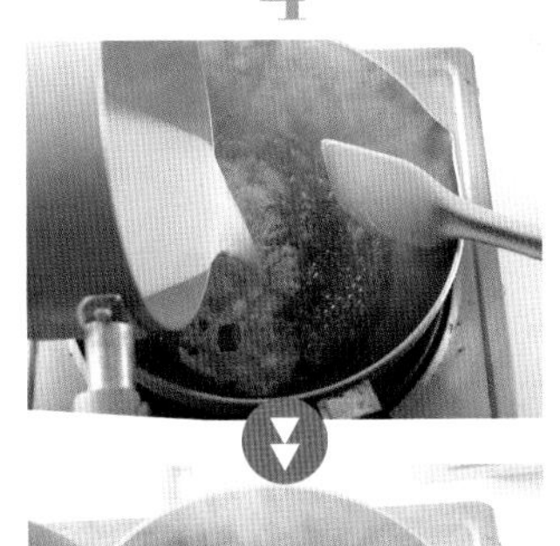

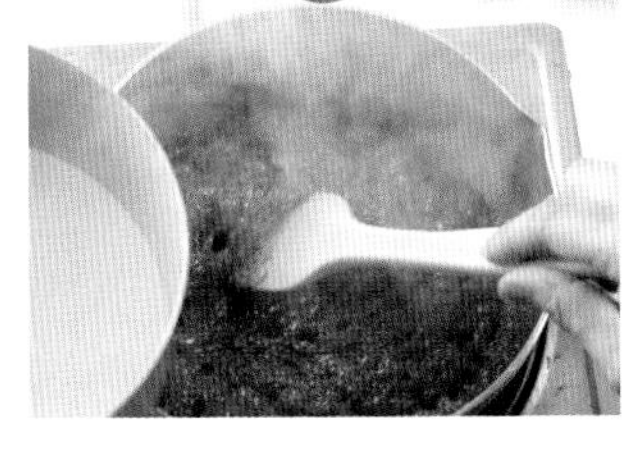

同时，将焦糖锅再重新移回火炉上加热至冒烟、滚沸（这时会继续上色，越深越苦），到达个人所需口感与香气时即可熄火。并倒入 1/3 牛奶。将热焦糖液与热牛奶搅拌均匀后，再倒入另外 1/3 牛奶。

5

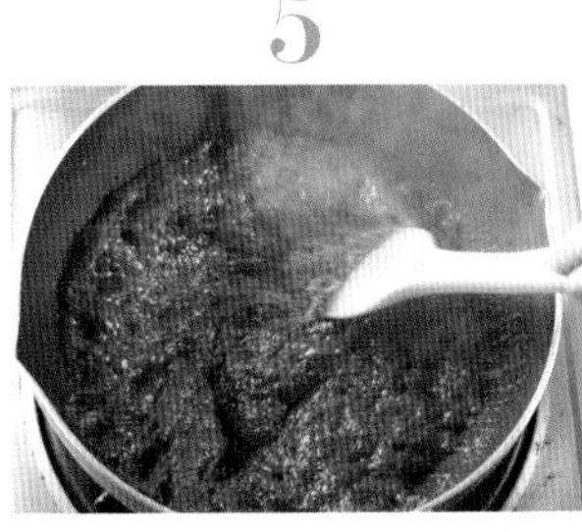

继续搅拌均匀。

6

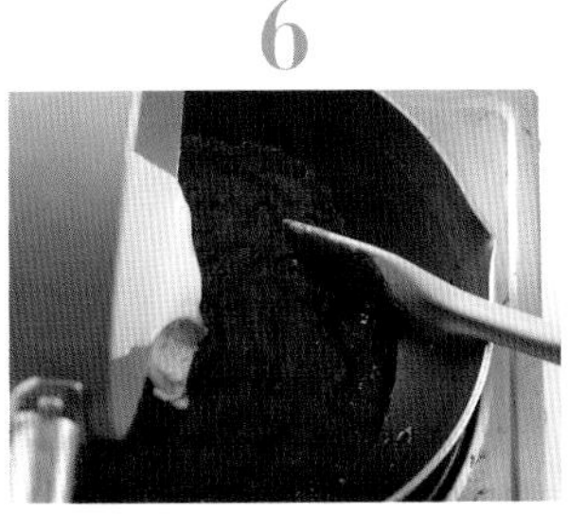

再倒入最后 1/3 热牛奶。

7

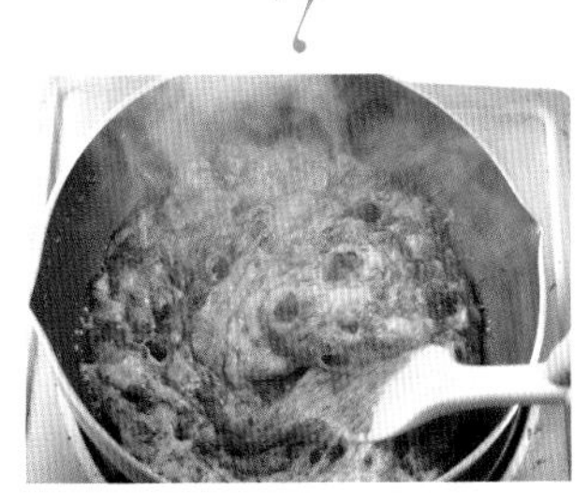

继续搅拌至呈现巧克力色泽。

Start

8

此时焦糖牛奶液的温度偏高，所以焦糖色仍会继续加深。

9

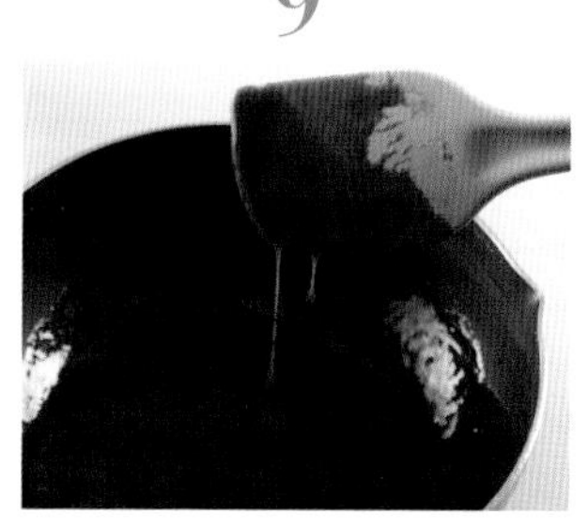

过程中仍需不断搅拌焦糖牛奶液，才会出现漂亮的釉面光泽。

10

煮至个人需要的焦糖色泽后，即可加入挤干水分的吉利丁。

11

锅身隔着冰水，继续搅拌吉利丁至全部熔化，并让焦糖降温至 100℃以下。

12

将鲜奶油冲入焦糖锅里。分次进行，先倒入 1/3 拌匀，这时的奶油还是有光泽的，再倒入 1/3，搅拌均匀，最后再倒入 1/3。完成后的焦糖布丁液，是具有光泽感的浅褐色。

13

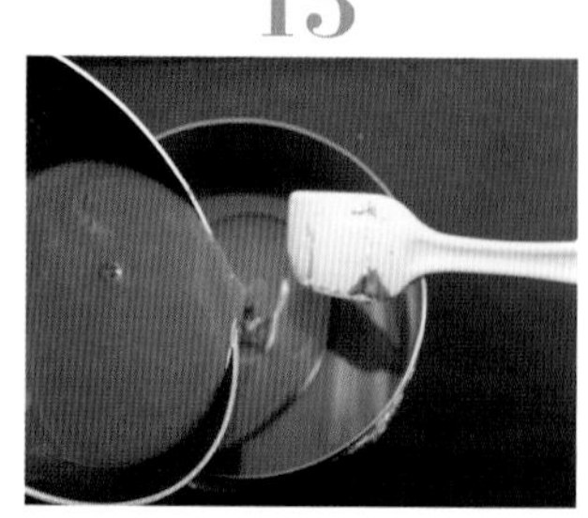

将冷却的焦糖布丁液注入底部包覆保鲜膜的慕斯圈内，放入冷冻室。

14

组合布丁蛋糕

取适量鲜奶油放在蛋糕片的中心点。

15

抹刀要轻轻压着奶油，往没有鲜奶油的地方涂开，另一手则转动蛋糕转台。

Point 煮砂糖时，千万不可搅拌！

糖水加热过程中，只能通过晃动锅帮助砂糖溶化，千万不能搅拌，以免产生反砂现象，也就是原本已经溶化的糖，再次凝聚结晶成糖粒！一般来说，在让砂糖焦化的过程中，糖与水的比例大约是 3：1 或 4：1，水太多，会延长水分蒸发的时间，但水太少，又可能出现反砂的现象。除了晃动锅身之外，可以借助木铲或耐热抹刀，以推抹锅底的方式，防止糖粒粘黏或出现焦锅情况。

16

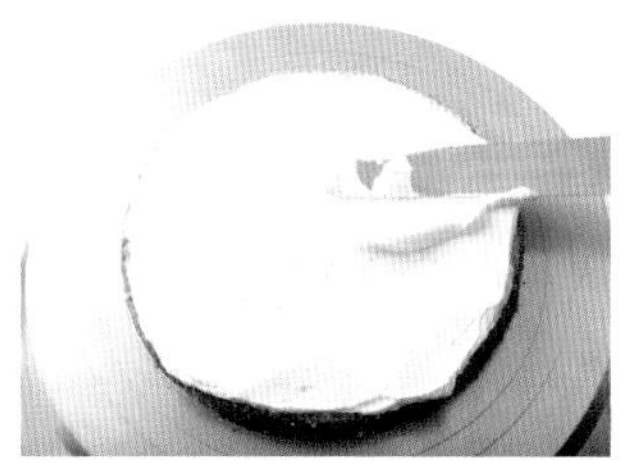

涂抹时不要太用力，以免直接刮到蛋糕，而粘到蛋糕屑。均匀涂满一层即可。

17

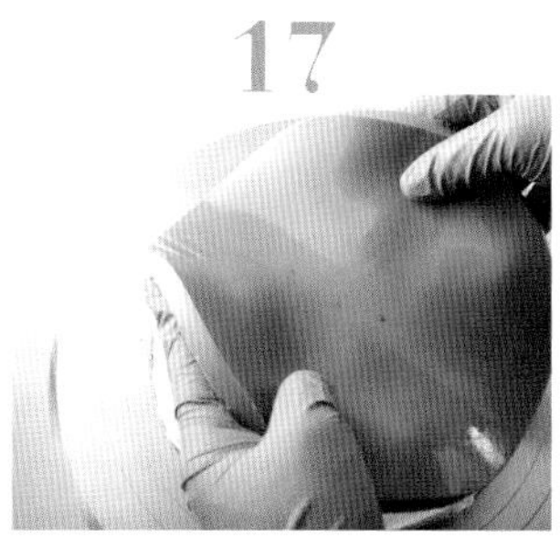

从冷冻室取出，并回温后的焦糖布丁，叠放在鲜奶油层上。

18

取适量鲜奶油放在焦糖布丁片的中心点。

19

均匀涂满一层即可。

20

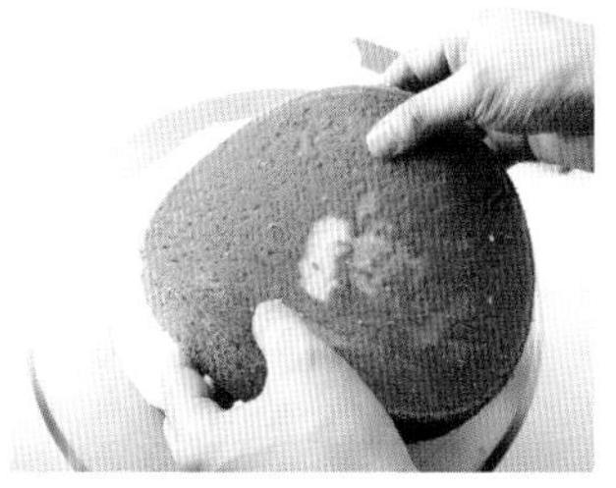

叠上蛋糕片。

21

装饰鲜奶油

将布丁蛋糕放在转台上，蛋糕顶部铺上打发完成的植物性鲜奶油。一手转动转台，一手用抹刀从中间往左右方向，把鲜奶油推平，铺满蛋糕顶部。

22

若抹刀上不小心粘到些许蛋糕屑或过多鲜奶油时，要先擦拭干净，再进行推平的动作。

23

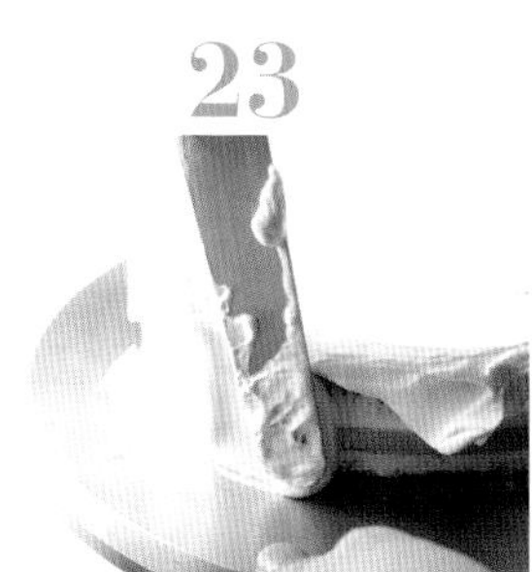

在蛋糕侧面抹上鲜奶油。抹刀竖起，转动转台，刀面须贴着蛋糕。

24

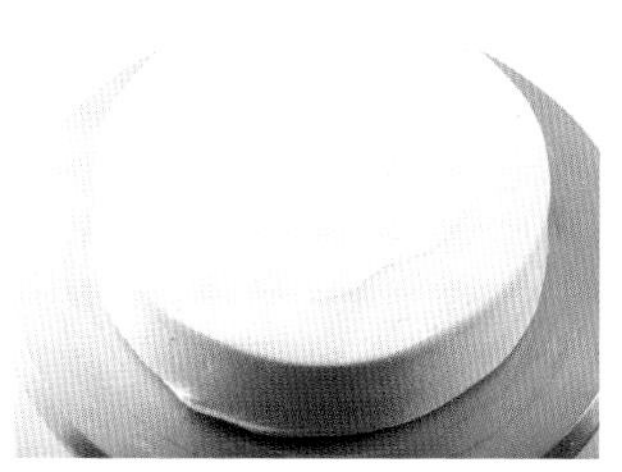

抹平蛋糕顶部。抹刀与蛋糕同样成30°夹角，由外向内，整个划过蛋糕表面。以锯齿刮板在蛋糕侧面做出纹路效果。最后再装饰白巧克力片，挤上鲜奶油花，侧边点缀些许杏仁碎粒。

变·化·款

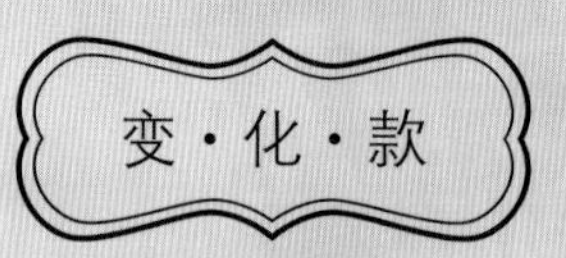

巧克力布丁蛋糕

巧克力海绵蛋糕、巧克力布丁、巧克力鲜奶油谱就华丽又典雅的巧克力圆舞曲

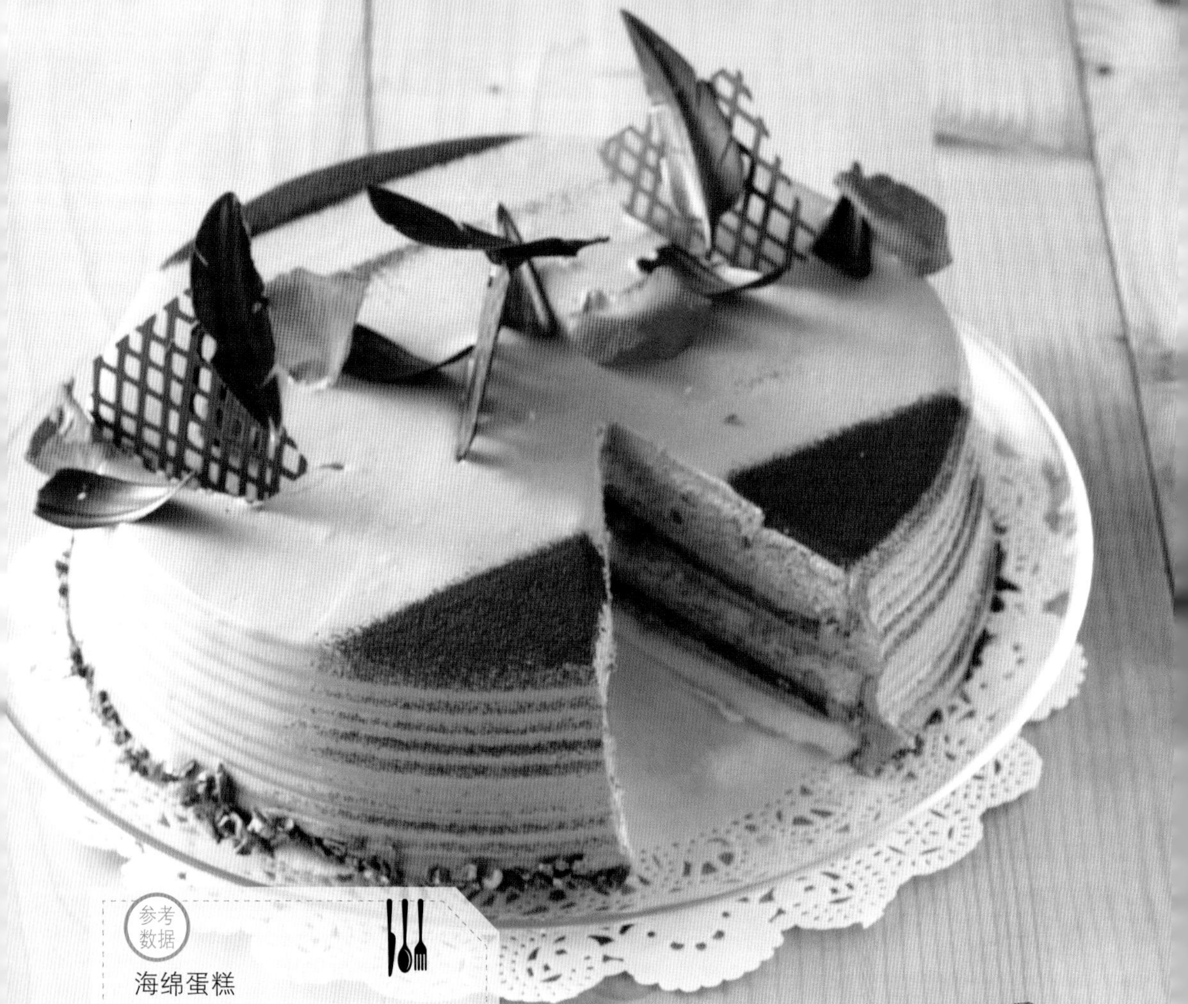

参考数据

海绵蛋糕

烘烤时间	35 分钟
烘焙温度	上火 180℃ 下火 180℃

模具：8 寸圆形模、7 寸慕斯圈 2 个

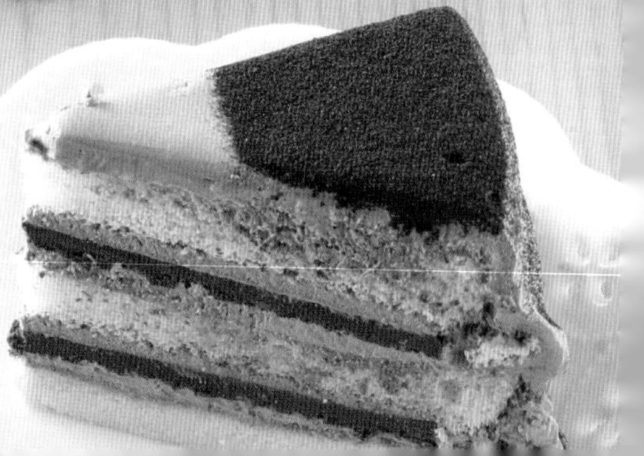

材料

A. 巧克力布丁层
纽扣巧克力......................300g
牛奶.............................150g
动物性鲜奶油..................150g
吉利丁片........................2.5片

B. 巧克力蛋糕层
8寸巧克力海绵蛋糕..........3片
已打发的巧克力鲜奶油.....500g
装饰用巧克力粉、片、碎粒
....适量

完美步骤

Start

制作巧克力布丁

1

5

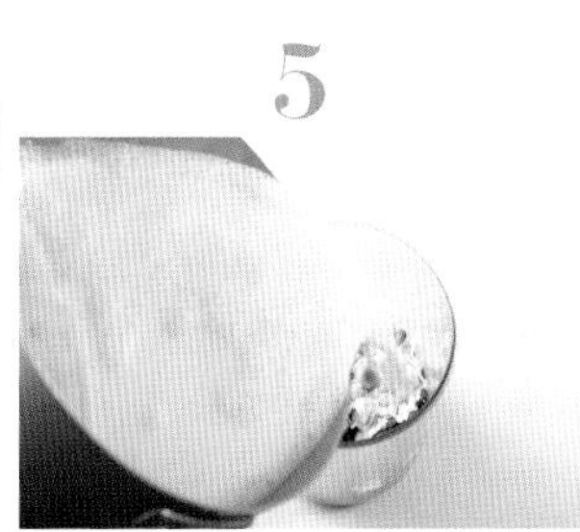

2

6

3

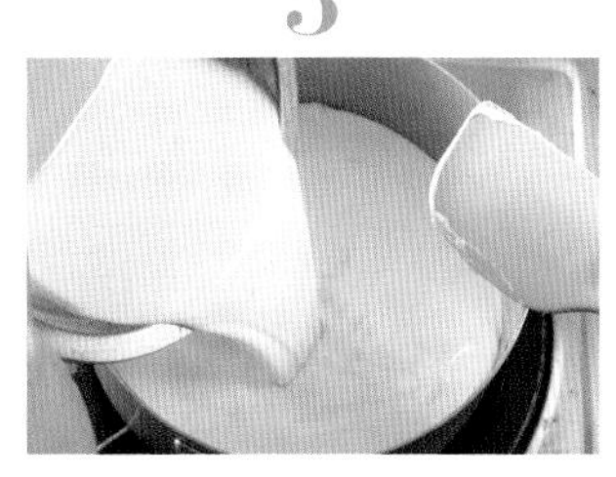

7

4

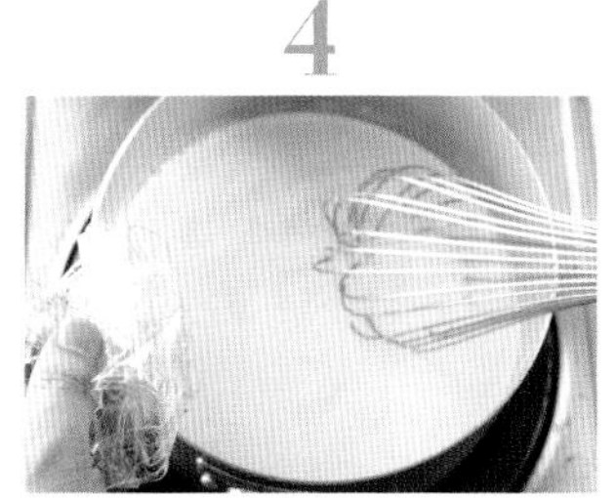

8

❶ 制作巧克力布丁：搅拌机的搅拌杯里，放入称量好的纽扣巧克力备用。

❷ 将单柄煮锅置于火炉上，先不开火，倒入鲜奶油。

❸ 倒入牛奶。开小火煮至70℃，过程中须持续搅拌，以免锅底煮焦。

❹ 加入泡软的吉利丁，离火，不需搅拌均匀。

❺ 趁热直接冲入放置巧克力的搅拌杯里。

❻ 以搅拌机，低速搅拌均匀。中间要用刮刀拌匀杯边或杯底的巧克力，然后再继续搅匀10秒。

❼ 准备2个底层铺好保鲜膜的慕斯圈，将降温后的巧克力布丁液注入慕斯圈（高度约1cm），并放入冷冻库。

❽ 蛋糕转台上，放上第一层蛋糕片，铺上一层巧克力鲜奶油，然后叠上第一片巧克力布丁。

装饰技巧参考太妃焦糖布丁蛋糕做法18～24

黑糖布丁蛋糕

不添加牛奶的原味黑糖布丁，是隐身于华丽装饰下的意外惊喜

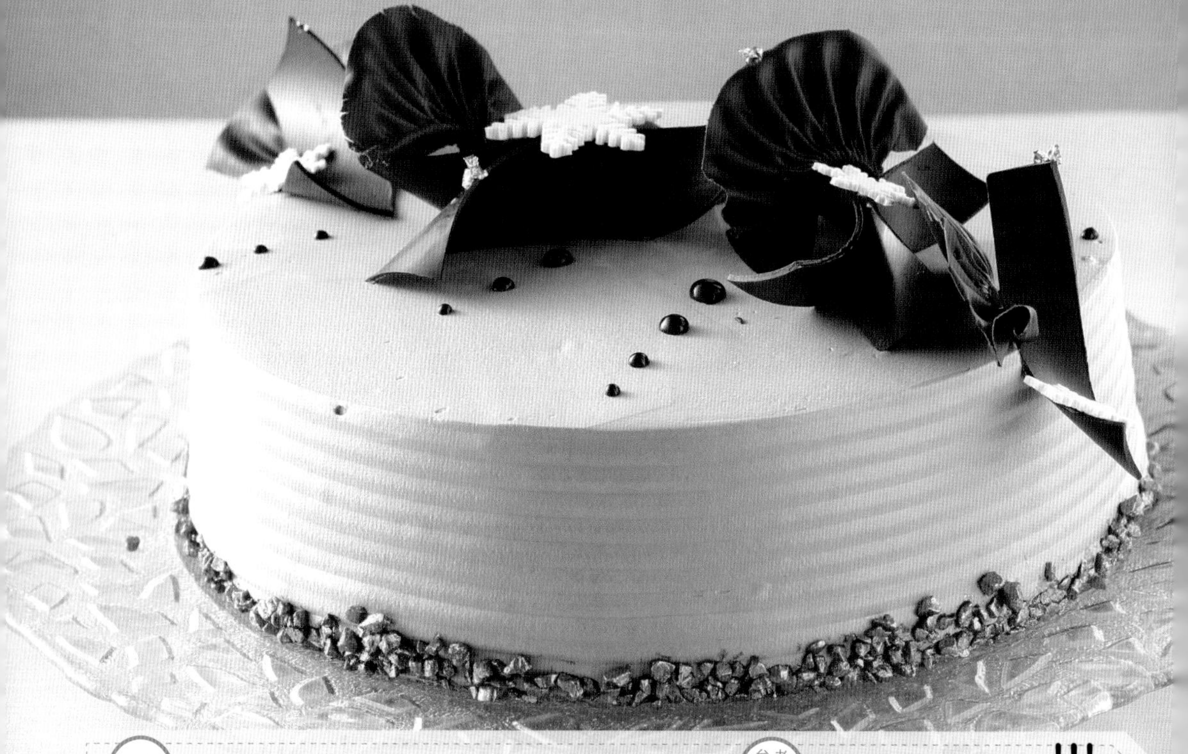

材料

A. 黑糖布丁层

黑糖……………………150g
冷开水……………………500g
吉利丁片……………………2 片

B. 蛋糕层

8 寸原味海绵蛋糕……………2 片

已打发的巧克力鲜奶油（外层装饰）……………………300g

已打发的鲜奶油（内馅夹层）……………………200g

装饰用巧克力片、糖花、金棕色糖粒……………………适量

海绵蛋糕

烘烤时间	35 分钟
烘焙温度	上火 180℃ 下火 180℃

模具：8 寸圆形模、7 寸慕斯圈 2 个

完美步骤

1 制作黑糖布丁

5

2

6

3

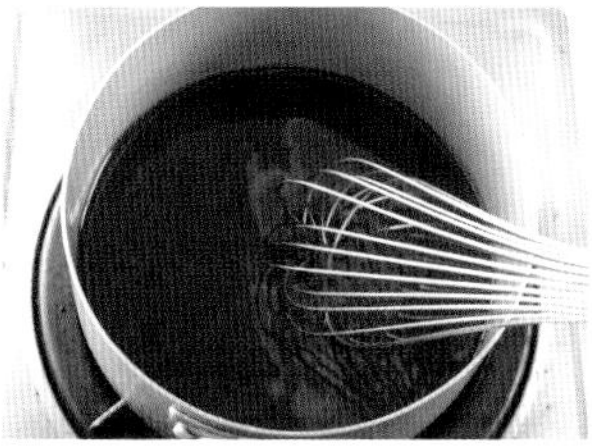

7

4

8

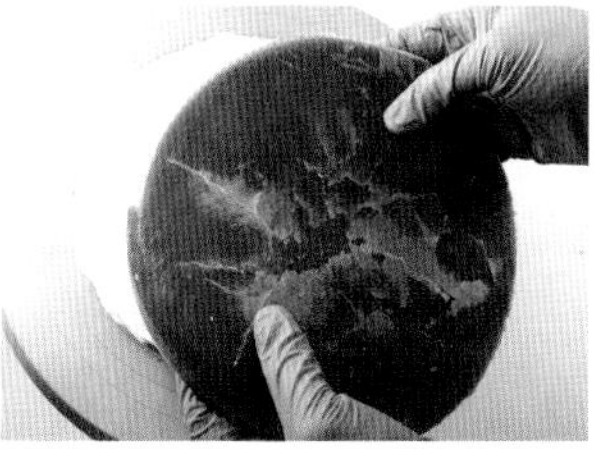

❶ 制作黑糖布丁：准备一个单柄汤锅，放入黑糖。

❷ 倒入冷开水，开小火，加热黑糖液。

❸ 加热过程中，要持续搅拌。

❹ 加热至 70℃左右时，熄火，丢入泡软且拧干水分的吉利丁。

❺ 用搅拌器搅拌至吉利丁完全溶化。

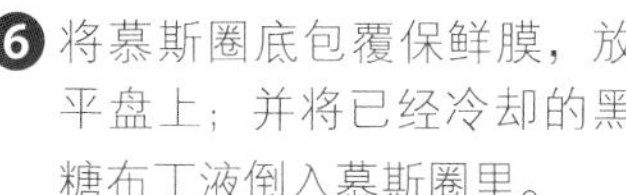

❻ 将慕斯圈底包覆保鲜膜，放平盘上；并将已经冷却的黑糖布丁液倒入慕斯圈里。

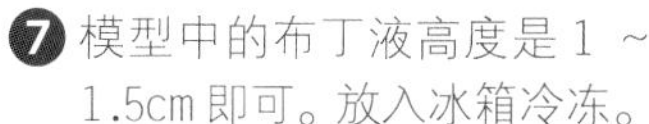

❼ 模型中的布丁液高度是 1 ~ 1.5cm 即可。放入冰箱冷冻。

❽ 蛋糕转台上，放上第一层蛋糕片，铺上一层鲜奶油，然后叠上第一片黑糖布丁。

装饰技巧参考太妃焦糖布丁蛋糕做法 18 ~ 24

Point

黑糖浆为什么不需要煮滚？

因为黑糖本身已经具有独特的香气了，再加上使用的是可以直接饮用的冷开水，考虑吉利丁的耐热度和凝结力，故仅加热至 70℃左右即可。未过度加热的黑糖浆，凝结后的布丁冻会比较清澈，拥有如黑水晶般的剔透度。

Q1 制作太妃焦糖布丁时要注意什么?

答 吉利丁比例不能太高，融合的温度要适当

吉利丁的比例不能太高，否则口感会偏硬。要做出焦糖香气，第一次加入的水分，必须是少量冷开水加糖，之后则必须添加加热过的牛奶，等温度降到 70℃左右才能加入吉利丁，最后才能再加入鲜奶油，否则骤降的温差与不同油脂含量的液体突然碰在一块，很容易让焦糖牛奶变成焦糖豆花。

另外，除了让砂糖焦化的第一步骤不能搅拌之外，之后混拌的过程中，都必须不断搅拌，如此一来，太妃焦糖牛奶才能够出现漂亮的釉面光泽。

质地偏硬，按下去没弹性

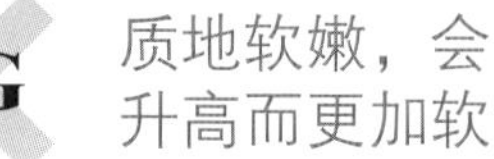

质地软嫩，会随手温升高而更加软滑

吉利丁添加太多，布丁变得像果冻，质地偏硬，无法入口即化。

使吉利丁比例正确，即使经过冷冻，回温后，仍保有滑嫩细腻的口感。

Q2 为什么布丁层总是会爆量，不易固着在蛋糕夹层内?

答 蛋糕层厚一些，布丁层薄一些

布丁层的直径大小，要比蛋糕层小一些；蛋糕层厚一些，布丁层薄一些。此外，鲜奶油馅则要完全打发，也就是硬性发泡的状态（约八九分发），尤其是制作调味鲜奶油时，因为可能会再加入甘纳许巧克力、果酱等液态物质，拌和过程中会再消泡一些，当鲜奶油变得太稀，自然就粘不住布丁层了。

刚完成的布丁蛋糕不能马上分切或晃动，因为鲜奶油已经开始回软，布丁层又比较厚重，很容易一切就位移，造成上下层滑开。建议放回冰箱至少冷藏 6 小时以上，让鲜奶油内外都足够固定，切片之后才会漂亮。

布丁层直径比蛋糕层宽

布丁层直径略小于蛋糕片

布丁层的直径比蛋糕片宽，组合时会凸出于蛋糕侧面，涂抹鲜奶油时也比较容易滑动。

布丁层牢牢地固定于蛋糕夹层内，上下、侧面都有鲜奶油紧紧包覆，不易滑动。

Q3 为什么切片后的蛋糕层厚薄度无法一致?

答 利用鲜奶油来填补高度

打发的鲜奶油内馅，不但能让蛋糕更具风味、口感更为滑顺，同时也是很好的蛋糕黏着剂。制作分层蛋糕时，最需要特别留意的地方就是，铺底的蛋糕层厚薄高度要一致，蛋糕的地基稳固，上层自然就不易倾斜。

对烘焙新手而言，进行蛋糕横向切片时，难免会有厚薄不一致的情况，这时候就要靠鲜奶油来填补高度，先垫高较低的部位，再铺上布丁层，布丁层就不会因为底层蛋糕倾斜而滑动。

虽然市面上有贩售各种蛋糕分片辅助器，但其实经常操作，自然熟能生巧，就算不小心切斜了，只要在蛋糕侧面抹点鲜奶油或果酱做个记号，组合蛋糕片时，再对准记号，精准叠盖上去，蛋糕外形就不易倾斜了。

蛋糕层厚度不一SOS！

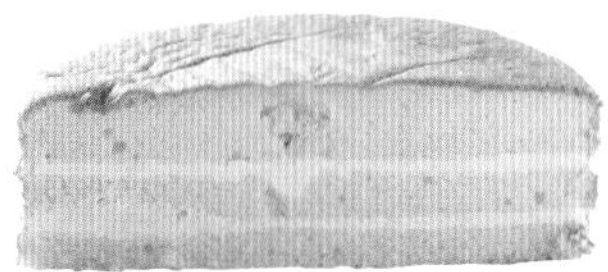

利用鲜奶油来填补高度和洞隙：

1. 将切片完成的蛋糕重组回去，并在蛋糕侧面抹点鲜奶油或果酱做个记号，之后就可以照这个记号重叠回去，蛋糕就不会有一高一低的情况。
2. 底层的蛋糕片要用鲜奶油垫高较低的部位，使蛋糕的水平面看起来高度一致，才能铺上布丁层。
3. 继续用鲜奶油调整高度，直至蛋糕片和布丁层全部组合完毕。

Q4 为什么外层的鲜奶油涂层总是不够完美?

答 勤加练习，先冻住蛋糕屑

建议新手可用“划纹路”的方式，弥补不够平坦的问题！

先将蛋糕冷冻10 ~ 15分钟，让蛋糕表面有一层薄薄的结霜，蛋糕屑被固定住，涂抹时就不会粘得到处都是。另外，也因为蛋糕具有一定的硬度，涂抹时比较不会塌陷或移动。

进行最后的表面修饰时，抹刀刀面要维持整洁，每抹过一次，就用热毛巾擦拭残留的鲜奶油，才能抹出平整光滑的鲜奶油外衣。

解决方法

遮瑕小技巧 1

蛋糕侧面：以锯齿状刮板在蛋糕侧面做出波浪纹。

遮瑕小技巧 2

蛋糕正面：铺满水果丁或水果切片，再挤上连环式的鲜奶油花，遮掩不光滑的表面。

装饰鲜奶油（顶部）

将蛋糕放在转台上，蛋糕顶部铺上打发完成的植物性鲜奶油，一手转动转台，一手用抹刀从中间往左右方向把鲜奶油推平，铺满蛋糕顶部。

装饰鲜奶油（侧面）

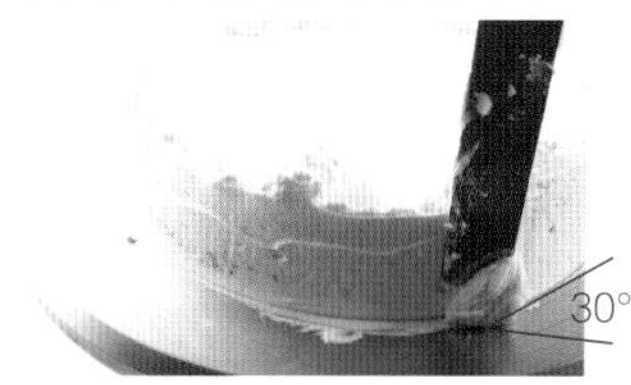

在蛋糕侧面抹上鲜奶油时，抹刀要竖起，刀面须贴着蛋糕，刀头稍微顶着转台，刀面与鲜奶油成30°夹角，另一手则转动转台。

图书在版编目（CIP）数据

成功vs失败完美蛋糕制作书 / 黄东庆，黄叶嘉，姜志强，刘育宏著. — 沈阳：辽宁科学技术出版社，2019.7
ISBN 978-7-5591-1144-9

Ⅰ. ①成… Ⅱ. ①黄… ②黄… ③姜… ④刘… Ⅲ. ①蛋糕－糕点加工 Ⅳ. ①TS213.23

中国版本图书馆CIP数据核字(2019)第067523号

出版发行：辽宁科学技术出版社
（地址：沈阳市和平区十一纬路25号 邮编：110003）
印 刷 者：辽宁新华印务有限公司
经 销 者：各地新华书店
幅面尺寸：170mm × 240mm
印　　张：12.5
字　　数：300千字
出版时间：2019年7月第1版
印刷时间：2019年7月第1次印刷
责任编辑：朴海玉
封面设计：魔杰设计
版式设计：袁　舒
责任校对：徐　跃

书　　号：ISBN 978-7-5591-1144-9
定　　价：49.80元
邮购热线：024-23284502
编辑电话：024-23284367